DIYA PEIDIAN DIANXING ZUOYE ANQUAN JINENG TUCE

低压配电典型作业安全技能图册

国家电网公司安全监察质量部 编

中国电力出版社
CHINA ELECTRIC POWER PRESS

内 容 提 要

为了认真贯彻落实“安全第一、预防为主、综合治理”的安全生产方针，强化现场作业全过程管理，提高农村低压作业安全管理能力，确保低压作业安全，国家电网公司安全监察质量部结合低压作业特点，以防止人身伤害为主线，组织编写了本书。

全书共分为四个部分，第一部分介绍低压作业的基本要求，包括：作业人员要求，作业工器具及防护用品要求，作业现场要求和安全交底要求；第二部分介绍基本作业流程，包括：基本作业流程图和作业流程说明；第三部分介绍典型作业安全技能要求，包括：立、撤杆作业，放、紧、撤线作业，电缆敷设作业，配电箱作业，线路及设备巡视作业，清障（树竹、鸟窝等异物）作业，开关类设备运维作业，负荷调整作业，接户线带电作业，电缆故障查找作业，横担、金具、绝缘子安装（拆除）作业，带电装、拆电能表（集中器、采集器等）作业，计量表抄表作业，用电检查、测量作业；第四部分为附录。

本书可供低压工程施工、设备运维、业扩接电的管理人员及一线作业班组人员学习使用，相关单位可参照执行。同时也可作为各级管理人员开展低压作业现场查纠违章的参考依据。

图书在版编目（CIP）数据

低压配电典型作业安全技能图册 / 国家电网公司安全监察质量部编. — 北京：中国电力出版社，2016.11（2017.5重印）

ISBN 978-7-5123-9916-7

Ⅰ. ①低… Ⅱ. ①国… Ⅲ. ①低压配电－配电线路－安全技术－图集 Ⅳ. ①TM726.2-64

中国版本图书馆CIP数据核字（2016）第246722号

中国电力出版社出版、发行

（北京市东城区北京站西街19号 100005 http://www.cepp.sgcc.com.cn）

北京盛通印刷股份有限公司印刷

各地新华书店经售

*

2016年11月第一版 2017年5月北京第四次印刷

850毫米 × 1168毫米 32开本 6.875印张 174千字

印数38001—41000册 定价36.00元

版 权 专 有 侵 权 必 究

本书如有印装质量问题，我社发行部负责退换

《低压配电典型作业安全技能图册》
编 委 会

主　　　编　张建功

副　主　编　胡庆辉　毛光辉

编写人员　杨　军　王学军　余国太　王理金　朱建军
冯书安　张玉宏　龚继平　沈国栋　党养增
邱武玉　赵林平　陈海舫　吴小奎　杨平礼
陈艳华　高小明　孙亚军　刘　锋　贺州强
文胤多　安立平　李洪斌　毛义鹏　孔凡伟
杨军飞　卢建树　杨　琳　李林元

参与编制单位　国网甘肃省电力公司
国网江西省电力公司

前言

低压配电作业是低压运维业务的主要组成部分，虽然作业相对简单，但作业点多面广，安全风险管控难度大。长期以来，低压（电压等级在1000V及以下者）作业人员安全技能水平普遍不高，作业规范化程度不够，在作业时引发人身事故的风险点大量存在。为认真贯彻落实“安全第一、预防为主、综合治理”的安全生产方针，强化现场作业全过程管理，提高农村低压作业安全管控能力，确保低压作业安全，国家电网公司安全监察质量部结合低压作业特点，以防止人身伤害为主线，组织编写了《低压配电典型作业安全技能图册》（以下简称《图册》），作为提高员工低压作业安全基本知识和安全技能的培训资料。

《图册》从低压配电作业现场实际出发，依据DL/T 477—2010《农村电网低压电气安全工作规程》《国家电网公司电力安全工作规程（配电部分）（试行）》《国家电网公司电力安全工作规程（电网建设部分）（试行）》《国家电网公司营销业扩报装工作全过程防人身事故十二条措施（试行）》《国家电网公司关于加强县供电企业作业人身安全风险管控工作八条要求》和国家电网公司近两年来相关安全文件要求，注重实际、实用、实效，围绕低压施工、运维、业扩三个方面梳理出十四种典型作业，通过图文并茂的形式示出了低压作业过程中触电、电弧灼伤、高坠、物体打击、机械伤害等最常见的人身事故风险，以正确图例、错误图例对比以及简明文字形式直观、扼要地给出了相应的安全控制措施。《图册》对于提高农村低压现场作业人员安全风险辨识能力，强化作业全过程风险控制，提升低压作业人员安全技能和安全意识，保障人身安全具有重要的指导意义。

本《图册》适用于低压工程施工、设备运维、业扩接电的管理人员及一线作业班组人员学习使用，相关单位可参照执行。同时也可作为各级管理人员开展低压作业现场查纠违章的参考依据。

本《图册》编写过程中，国网甘肃省电力公司、国网江西省电力公司给予了大力支持，国网甘肃省电力公司平凉供电公司做了大量基础性工作，在此表示感谢。由于编写时间仓促，难免有疏漏之处，敬请广大读者批评指正！

编者

2016.9

目录

前言

一、低压作业的基本要求……………… 001

（一）作业人员要求 ……………………002

（二）作业工器具及防护用品要求 …………007

（三）作业现场要求 ……………………011

（四）安全交底要求 ……………………016

二、基本作业流程………………………… 019

（一）基本作业流程图 …………………020

（二）作业流程说明 ……………………021

三、典型作业安全技能要求……………… 037

（一）立、撤杆作业 ……………………038

（二）放、紧、撤线作业 ………………066

（三）电缆敷设作业 ……………………080

（四）配电箱作业 ………………………094

（五）线路及设备巡视作业 ……………102

（六）清障（树竹、鸟窝等异物）作业 ……118

（七）开关类设备运维作业 …………………130
（八）负荷调整作业 ………………………138
（九）接户线带电工作 ……………………148
（十）电缆故障查找作业 …………………156
（十一）横担、金具、绝缘子安装（拆除）
作业 …………………………………170
（十二）带电装、拆电能表（集中器、采集器等）
作业 …………………………………184
（十三）计量表抄表作业 …………………194
（十四）用电检查、测量作业 ……………200

附录……………………………………… 209

一

低压作业的基本要求

本部分内容主要从作业人员、工器具及防护用品、作业现场、安全交底四个方面，明确了从事低压作业的基本条件和应执行的规范要求。

图1-1

（一）作业人员要求

（1）无妨碍工作的病症，精神状态良好。

安全要点：

（1）作业人员体格检查每两年至少一次，凡参加高处作业的人员，应每年进行一次体检。

（2）凡患有高血压、心脏病、贫血、癫痫病以及其他不适于高处作业的人员，不得从事高处作业。

（3）精神状态正常。

图1-2

（一）作业人员要求

（2）每年《国家电网公司电力安全工作规程》（以下简称《安规》）考试合格，并取得相应资格。

安全要点：

（1）作业人员对《安规》应每年考试一次，因故间断电气工作连续三个月及以上者，应重新学习《安规》，并经考试合格后，方可恢复工作。

（2）工作票签发人、工作许可人、工作负责人应由设备运维管理单位（工区或公司）批准的人员担任，名单应公布。

（3）从事焊接、热切割、爆破的特种人员应持有《特种作业操作证》。

图1-3

（一）作业人员要求

（3）会正确使用劳动防护用品、电力安全工器具和机具。

安全要点：

（1）作业人员应接受相应的安全生产知识教育和岗位技能培训，掌握配网低压作业必备的电气知识和业务技能，熟悉《安规》相关部分，经考试合格后上岗。

（2）作业人员应了解劳动防护用品、电力安全工器具、机具（施工机具、电动工具）相关性能，熟悉其使用方法，会检查、会使用、会保养。

（3）现场工作负责人应穿红马甲，管理人员戴红色安全帽，运行人员戴黄色安全帽，检修人员戴蓝色安全帽，外来人员戴白色安全帽。

图1-4

（一）作业人员要求

（4）严格遵守安全工作规程和劳动纪律，在指定的作业范围内工作，对自己在工作中的行为负责，相互关心工作安全。

安全要点:

（1）作业人员应服从命令、听指挥，不得擅自离岗。

（2）作业人员不得擅自、私自作业及扩大作业范围，严禁盲目蛮干，不得干私活。

（3）作业人员进出配电室（站）应随手关门。

图1-5

（一）作业人员要求

（5）掌握紧急救护法、会触电急救。

安全要点：

（1）具备必要的安全生产知识，学会紧急救护方法（毒蛇和犬咬伤、高温中暑、有害气体中毒等急救），必须熟练掌握触电急救方法。

（2）胸外心脏按压应平稳，有节律，不能间断；下压及向上放松的时间应相等，压按至最低点处，应有明显的停顿；按压频率应保持在100次/min；按压与人工呼吸的比例关系通常是，成人为30：2，婴儿、儿童为15：2；按压深度成人伤员为4～5cm，5～13岁伤员为3cm，婴幼儿伤员为2cm。

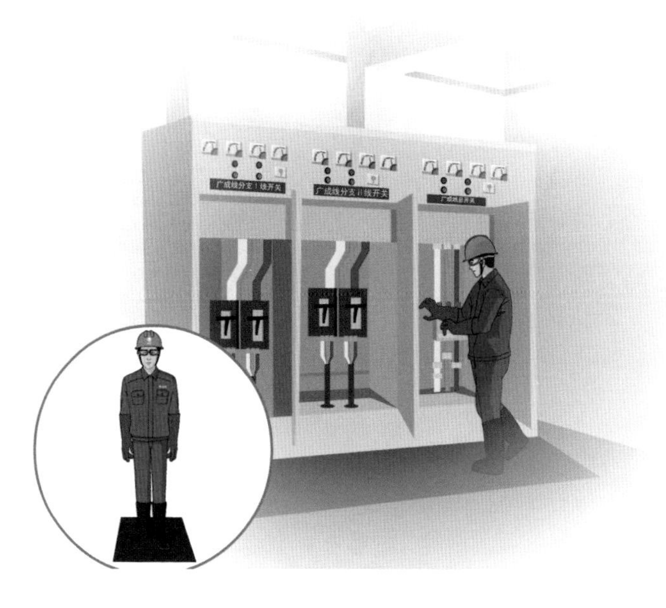

图1-6

（二）作业工器具及防护用品要求

（1）进入作业现场应正确佩戴安全帽，现场作业人员还应穿全棉长袖工作服、绝缘鞋。

安全要点：

（1）低压电气带电工作应戴手套、护目镜，并保持对地绝缘。

（2）现场工作时必须穿工作服，工作服不应有可能被转动的机器绞住的部分，衣服和袖口扣必须扣好，禁止戴围巾和穿长服，工作服禁止使用尼龙、化纤或棉化纤混纺的衣料制作，以防工作服遇火燃烧加重烧伤程度。

（3）进入生产现场，禁止穿拖鞋、凉鞋，女工作人员禁止穿裙子、穿高跟鞋，辫子、长发必须盘入安全帽内。

图1-7

（二）作业工器具及防护用品要求

（2）使用前应对工具进行外观检查，不合格的工具不得使用；室外低压配电线路或设备验电宜使用低压声光验电器；低压验电前应先在低压有电部位上试验，以验证验电器或测电笔良好。

安全要点：

（1）现场使用的机具、安全工器具应经检验合格，试验合格证检验时间未超期限，禁止使用损坏、变形、有故障等不合格的机具和安全工器具。

（2）安全工器具使用前，应检查确认绝缘部分无裂纹、无老化、无绝缘层脱落、无严重伤痕等现象，以及固定连接部分无松动、无锈蚀、无断裂等现象；金属连接部位通过软铜线用双螺母连接；对其绝缘部分的外观有疑问时，应经绝缘试验合格后方可使用。

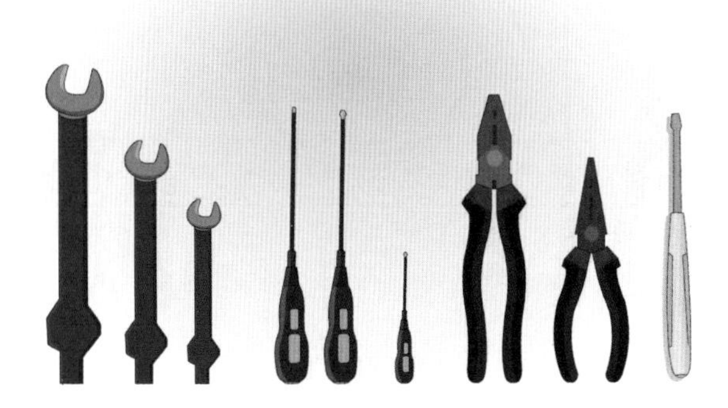

图1-8

（二）作业工器具及防护用品要求

（3）使用的低压验电笔、钢丝钳、尖嘴钳等工具绝缘部分无破损，绝缘性能可靠；使用的工具外裸导电部位应采用绝缘护套或绝缘胶带缠包，防止作业时与其他带电部位及接地体触碰。

安全要点：

（1）在带电的低压设备上工作，应使用有绝缘柄的工具。

（2）电工工具使用前应检查绝缘手柄部分绝缘良好，始终保持表面干燥、干净。

（3）操作时应手握工具绝缘柄部分，并始终认为操作设备带电。

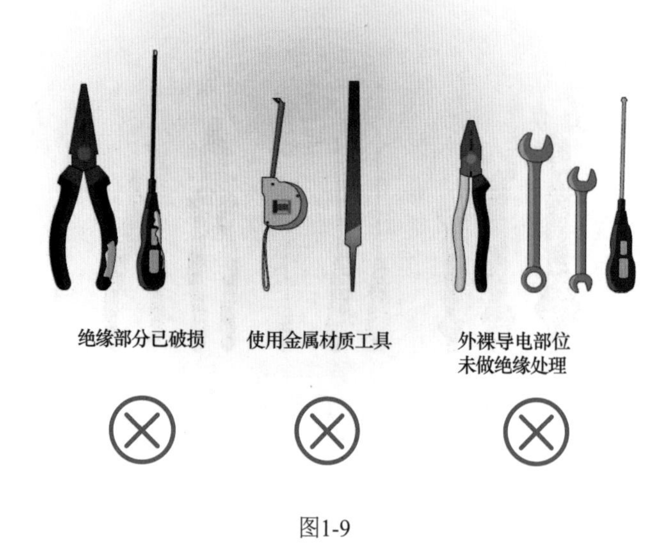

图1-9

（二）作业工器具及防护用品要求

（4）禁止使用锉刀、金属尺和带有金属物的毛刷、毛掸等工具进行低压带电工作，防止短路。

安全要点：

（1）在带电的低压设备上工作，应使用有绝缘柄的工具，工作时应站在干燥的绝缘垫、绝缘站台或其他绝缘物上进行，严禁使用锉刀、金属尺和带有金属物的毛刷、毛掸等工具。

（2）低压工作应随身携带低压验电器或测电笔。

图1-10

（三）作业现场要求

（1）填用低压工作票、抢修单的作业应设监护人，可使用派工单、任务单等其他书面记录或按口头、电话命令执行的工作，如有条件宜两人以上进行。

安全要点：

（1）工作期间，工作负责人、专责监护人应始终在工作现场，对工作人员的安全认真监护，及时纠正违反安全规定的行为。

（2）高处作业、低压带电工作、砍剪树木等应有专人监护。

（3）工作票签发人、工作负责人对有触电危险、检修（施工）复杂容易发生事故的工作，应增设专责监护人，并确定其监护的人员和工作范围。

图1-11

（三）作业现场要求

（2）需现场勘察的作业，必须了解低压系统接线方式、交叉跨越等情况，进行危险点分析和采取相应的预控措施。

安全要点：

应开展现场勘察的作业有：（1）架设和撤除线路；（2）跨越铁路、公路、河流的线路检修施工作业；（3）同杆架设线路的电气作业；（4）低压电力电缆线路的电气作业；（5）低压配电柜（盘）上的安装、拆除和检修作业；（6）工作地段有邻近、交叉、跨越、平行的电力线路的作业；（7）在具有两个及以上电源点的线路和设备的检修作业；（8）工作票签发人或工作负责人认为有必要进行现场勘察的其他作业。

图1-12

（三）作业现场要求

（3）户外带电作业应在良好天气下进行，作业前须进行风速和湿度测量。风力大于5级，或相对湿度大于80%时，不宜带电工作。

安全要点：

（1）若遇雷电、雨、雪、冰雹、雾霾等不良天气，禁止户外带电工作。

（2）户外带电工作过程中若遇天气突然变化，有可能危及人身及设备安全时，应立即停止工作，撤离人员，恢复设备正常状态或采取临时安全措施。

图1-13

（三）作业现场要求

（4）工作场所的照明，应该保证足够的亮度，夜间作业应有充足的照明。

安全要点：

（1）照明灯具必须绝缘良好，与易燃物保持安全距离。
（2）在特别潮湿的场所，应选用密闭型照明器或配有防水灯头的开启式照明器。
（3）应急照明灯电压不得高于36V，在金属管道或金属容器内使用时，其电压不得超过12V。

图1-14

（三）作业现场要求

（5）在潮湿和潮气过大的室内，禁止带电作业；工作位置过于狭窄时，禁止带电作业。

安全要点：

（1）室内湿度大于80%时，不宜带电作业。

（2）室内带电作业项目，应提前勘察设备方位和电气间隙、作业现场条件和环境及其他影响作业的危险点，确定现场是否具备带电作业条件。

图1-15

（四）安全交底要求

（1）工作前，工作负责人对工作班成员（包括外来工作人员）进行工作任务、安全措施交底和危险点告知。

安全要点：

（1）工作负责人、专责监护人确认工作票所列安全措施全部落实后，方可进行安全交底。

（2）现场工作前，应检查工作班成员精神状态和着装情况，核对线路名称、杆号和设备双重名称。

（3）安全交底应告知所有工作班成员工作内容、人员分工、带电部位、现场安全措施和危险点。

图1-16

（四）安全交底要求

（2）所有工作班成员应认真参加安全交底会，有疑问的要询问清楚。交底后所有作业人员履行签名确认手续。未经交底，有权拒绝工作。

安全要点：

（1）所有工作班成员（包括外来工作人员）必须参加安全交底会。

（2）所有工作班成员必须清楚工作内容、停电范围、已采取的安全措施和危险点，有疑问要询问清楚。

（3）现场作业应做到“四清楚”：作业任务清楚、危险点清楚、作业程序清楚、安全措施清楚，“四到位”：人员到位、措施到位、执行到位、监督到位。

（4）工作票或任务单应由本人亲自签字，不得超前签字或事后补签，严禁代签。

图1-17

（四）安全交底要求

（3）未参加现场安全交底及签名确认手续的人员禁止进入作业现场。

安全要点：

（1）工作负责人、专责监护人应始终在工作现场，专责监护人不得兼做其他工作。

（2）作业人员（包括工作负责人）不宜单独进入或滞留在高压配电室、开闭所等带电设备区域内。

（3）中途新加入的工作班成员，应由工作负责人、专责监护人对其进行安全交底并履行确认手续，并在工作票中注明。

二 基本作业流程

本部分内容主要围绕低压作业准备、实施、验收、终结等工作全过程，通过流程图和作业流程说明的形式，明确工作人员在现场勘察、办票应履行的职责、办理相关手续和做好相应的记录方面应做的工作。

（一）基本作业流程图（见图2-1）

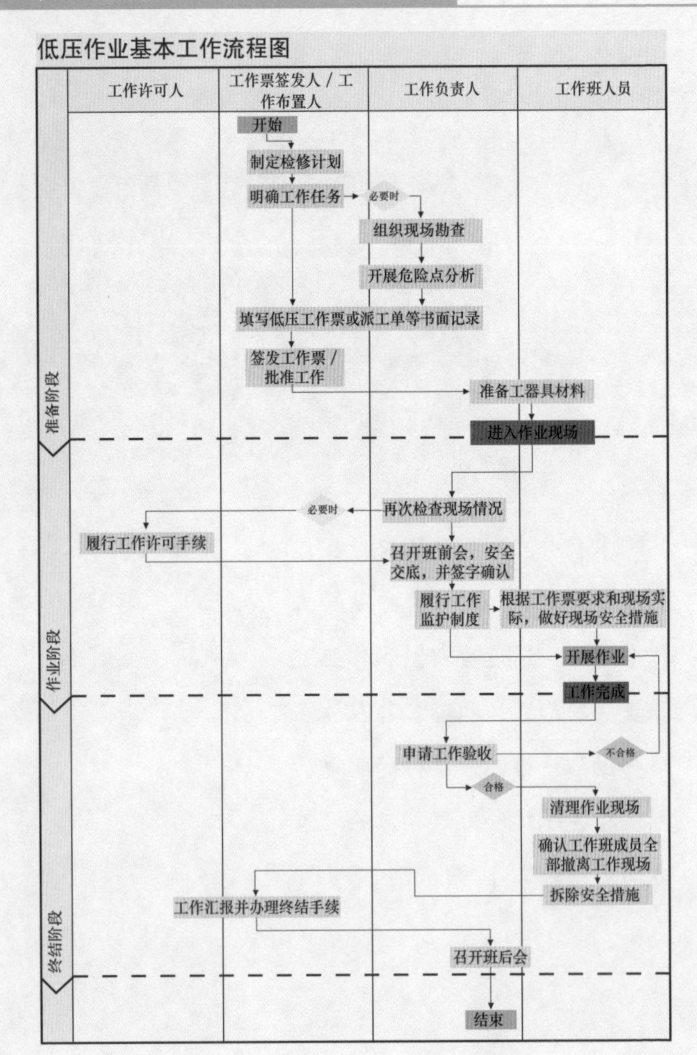

图2-1　低压作业基本工作流程图

注：此流程图为低压作业基本工作流程图，故障抢修、多班组作业等流程图自行编制。

图2-2

（二）作业流程说明

（1）明确工作任务：任务安排要严格执行月、周、日工作计划，统筹考虑人、机、料、法、环，综合分析时间与进度、质量、安全的关系，根据生产承载力分析结果，合理布置日工作任务，并告知相关人员，保证工作顺利完成。

安全要点：

（1）现场作业应严格执行月度、周、日检修计划，如需变更生产作业计划及内容或开展临时检修要履行审批手续。

（2）现场作业要严格执行领导干部和管理人员到岗到位要求、施工（检修）方案、计划进度，履行工作审批、许可手续，每日班前会要告知每位工作人员当天工作任务和安全注意事项。

（3）现场作业要根据作业人员状态和能力，作业项目安全风险、难易水平和工作量大小，安全防护用品、安全工器具、作业机具、车辆配置数量、电网运行方式和天气环境情况综合分析单位、班组生产承载力，合理利用人、机、料、法、环。

图2-3

（二）作业流程说明

（2）现场勘察与危险点分析：对同杆架设、交叉跨越、邻近高压线路等危险性、复杂性和困难程度较大的作业项目以及其他工作票签发人或工作负责人认为有必要现场勘察的作业项目，应根据工作任务，组织技术人员到现场查勘，明确工作任务和安全措施，并填写现场勘察记录。

安全要点：

（1）现场勘察应由工作票签发人或工作负责人组织，工作负责人、设备运维单位（业主、用户单位）和检修（施工、监理）单位相关人员参加。对涉及多专业、多部门、多单位的作业项目，应由项目主管部门、单位组织相关人员共同参与。

（2）现场应勘察检修（施工）作业电力系统接线方式、需要停电的范围、保留的带电部位、装设接地线位置、邻近线路、交叉跨越、多电源、自备电源（发电机）、地下管线设施和作业条件、环境及其他影响作业的危险点。

（3）现场勘察记录应送交工作票签发人、工作负责人及相关各方，作为填写、签发工作票等的依据。

图2-4

（二）作业流程说明

（3）填写低压工作票或派工单等其他书面记录：由工作负责人或工作票签发人根据现场实际情况和作业任务填写低压工作票，工作任务单由工作票签发人或工作负责人签发。按口头、电话命令执行的工作应留有录音或书面派工记录。记录内容应包含指派人、工作人员（负责人）、工作任务、工作地点、派工时间、工作结束时间、安全措施（注意事项）及完成情况等内容。

安全要点：

（1）任何人在作业现场，必须遵守安全工作规程，严禁无票无令作业。

（2）低压工作票或派工单必须履行签发和接受确认手续。

（3）在低压供电客户的电气设备上作业必须使用工作票或工作任务单（作业卡），并明确供电方工作负责人和应采取的安全措施。

图2-5

（二）作业流程说明

（4）安排作业人员：人员安排要按照员工安全技能水平，合理安排作业力量。确定的工作负责人、监护人能胜任工作任务，作业人员技能及精神状态符合工作需要，严禁不具备生产作业条件人员参与生产作业。

安全要点：

（1）安排任务必须确认所派工作负责人和工作班成员适当、充足。

（2）新参加电气工作的人员、实习人员和临时参加劳动的人员，应经过安全生产知识教育，方可下现场参加指定的工作，并且不得单独工作。

（3）工作班成员必须具备作业资格，特种作业人员必须持有特种作业证。

（4）按照国家安全生产监督管理总局规定，与电力行业相关的特种作业有高压电工作业、低压电工作业、防爆电气作业、焊接与热切割作业、高处作业、危险化学品安全作业以及起重作业等。

图2-6

（二）作业流程说明

（5）审核签发工作票或批准工作：由工作票签发人或工作布置人确认工作的必要性和安全性，确认人员适当充足和所列安全措施完备的条件下方可批准工作。

安全要点：

（1）工作票签发人应由熟悉人员技术水平、熟悉配电网络接线方式、熟悉设备情况、熟悉《安规》，并具有相关工作经验的生产领导、技术人员或经设备运维管理单位批准的人员担任，名单应行文公布。

（2）工作票签发人必须确认工作必要性和安全性，确认工作票上所列安全措施正确完备，确认所派工作负责人和工作班成员适当、充足，并承担相应安全责任。

（3）供电单位或施工单位到用户工程或设备上检修（施工）时，工作票应由有权签发的用户单位、施工单位或供电单位签发。

图2-7

（二）作业流程说明

（6）工器具及材料准备：根据现场勘察情况，应调配满足现场工作需要、数量足够、合格的设备材料、备品备件、车辆、机械、作业机具以及安全工器具等。

安全要点：

（1）机具和安全工器具应统一编号，专人保管。入库、出库、使用前应检查。禁止使用损坏、变形、有故障等不合格的机具和安全工器具。

（2）外包工程施工单位安全工器具管理按有关规定执行。

（3）车辆调派需满足工作需求。

图2-8

（二）作业流程说明

（7）再次检查现场情况：开工前，工作负责人应重新核对现场情况，发现与原勘察情况有变化时，应及时修正，完善相应的安全措施。

安全要点：

（1）开工前，工作负责人或工作票签发人应重新核对现场勘察情况。

（2）发现与勘察情况不一致时，严禁盲目开工。

图2-9

（二）作业流程说明

（8）现场安全交底并履行确认手续：由工作负责人告知所有工作班成员工作内容、人员分工、带电部位、现场安全措施和危险点；工作班成员应在工作票或其他书面记录上确认签名。

安全要点：

工作前召开班前会，结合当前运行方式、工作任务，开展安全风险分析，布置风险预控措施，开展（“三交三查”）交待工作任务、作业风险和安全措施，检查个人安全工器具、劳动防护用品和人员精神状态，并应做好记录。

图2-10

（二）作业流程说明

（9）现场安全措施布置：严格按照工作票所列安全措施，执行停电、验电、接地、悬挂标志牌和装设遮栏（围栏）等保证安全的技术措施。

安全要点：

（1）低压电气工作前，应用低压验电器或测电笔检验检修设备、金属外壳和相邻设备是否有电。

（2）应采取措施防止误入相邻间隔、误碰相邻带电部分。

（3）拆开的引线、断开的线头应采取绝缘包裹等遮蔽措施。

（4）低压电气带电工作，应采取绝缘隔离措施防止相间短路和单相接地短路；在低压用电设备上停电工作前，应断开电源、取下熔丝，加锁或悬挂标志牌，确保不误合。

图2-11

（二）作业流程说明

（10）开展作业：严格执行工作全过程监护，确保作业全过程安全，工艺质量符合要求。

安全要点：

（1）工作中，遇雷、雨、大风等情况威胁到工作人员的安全时，工作负责人或专责监护人应下令停止工作。

（2）工作间断、工作班离开工作地点，应采取措施或派人看守，不让人、畜接近挖好的基坑或未竖立稳固的杆塔以及负载的起重和牵引机械装置等。

（3）专责监护人应明确被监护人员和监护范围；工作前，对被监护人员交待监护范围内的安全措施、告知危险点和安全注意事项；监督被监护人员遵守《安规》和执行现场安全措施，及时纠正被监护人员的不安全行为。

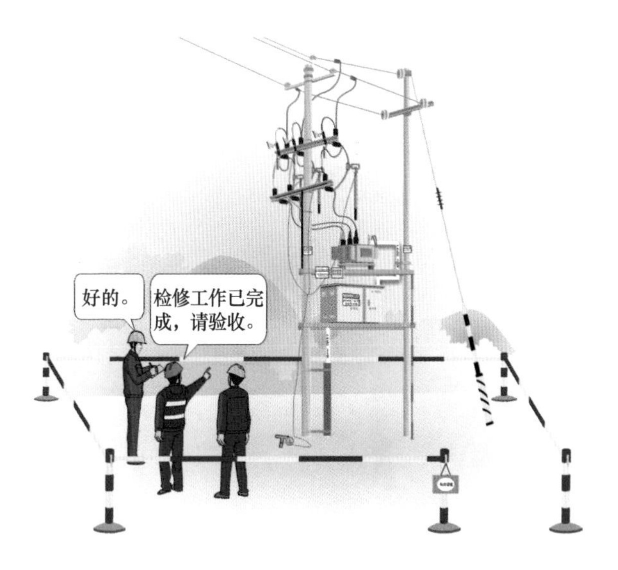

图2-12

（二）作业流程说明

（11）工作完成、申请验收：工作完工后，应向设备运维单位申请验收。

安全要点：

（1）工作完工后，检修和设备运维单位（班组）必须履行验收确认手续。

（2）验收设备必须满足运行工艺、质量要求。

图2-13

（二）作业流程说明

（12）清理现场、拆除安全措施：验收合格后，工作负责人应检查工作地段的状况，应清扫整理现场，确认全员撤离后，拆除工作班组所做安全措施。

安全要点：

（1）工作完工后，应清扫整理现场，工作负责人（包括小组负责人）应检查工作地段的状况，确认工作的设备和线路的杆塔、导线、绝缘子及其他辅助设备上没有遗留个人保安线和其他工具、材料。

（2）工作负责人应查明全部工作人员确由线路、设备上撤离后，再命令拆除由工作班自行装设的接地线等安全措施。

（3）接地线拆除后，任何人不得再登杆工作或在设备上工作。

图2-14

（二）作业流程说明

（13）工作汇报并办理终结手续：工作地段所有由工作班自行装设的接地线拆除后，工作负责人应及时向相关工作许可人（含配合停电线路、设备许可人）报告工作终结；工作终结报告，应当面报告或电话报告，并经复诵无误。

工作终结报告应简明扼要并包括下列内容：工作负责人姓名，某线路（设备）上某处（说明起止杆塔号、分支线名称、位置称号、设备双重名称等）工作已经完工，所修项目、试验结果、设备改动情况和存在问题等，工作班自行装设的接地线已全部拆除，线路（设备）上已无本班组工作人员和遗留物。

安全要点：

（1）多小组工作，工作负责人应在得到所有小组负责人工作结束的汇报后，方可向工作许可人报告工作终结。

（2）工作许可人在接到所有工作负责人（包括用户）的终结报告，并确认所有工作已完毕，所有工作人员已撤离，所有接地线已拆除，与记录簿核对无误并做好记录后，方可下令拆除各侧安全措施。

图2-15

（二）作业流程说明

（14）班后会应总结讲评当前工作和安全情况，表扬遵章守纪、批评忽视安全、违章作业等不良现象，布置下一个工作日任务，班后会应做好记录。

安全要点：

班后会主要是总结和讲评安全工作。

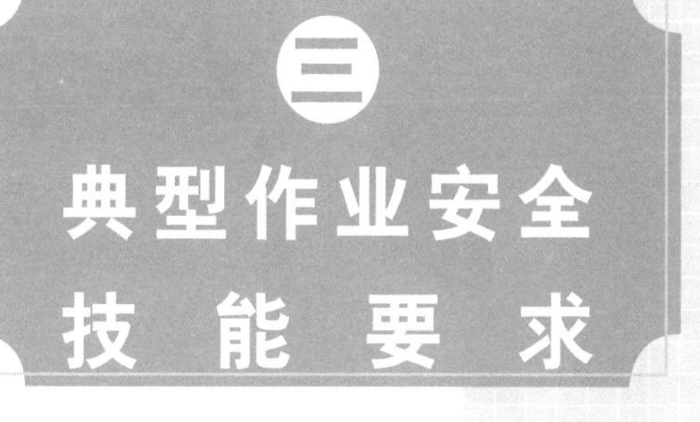

本部分内容围绕低压施工、运维、业扩三个方面共十四类典型作业，并对每一项典型作业采取图文并茂的形式并分别指出了作业过程中涉及的触电、电弧灼伤、高坠、倒杆断线、物体打击、机械伤害等人身事故风险危险点防控措施。

正确图例3-1

（一）立、撤杆作业

（1）立、撤杆应设专人统一指挥，起重指挥应持有特种作业资格证。开工前，应交待施工方法、指挥信号和安全措施。

安全要点：

（1）起重指挥、操作人员应纳入工作班成员进行管理。
（2）开工前，工作负责人应组织交代施工方法，明确指挥信号。
（3）起重指挥人员要站在视野良好的地方，不准擅自离岗或让他人代替指挥。
（4）遇有6级以上大风时，禁止露天进行起重工作。

错误图例3-1

错在哪?

错误点：

×1 工作负责人不在现场。

×2 没有专人统一指挥。

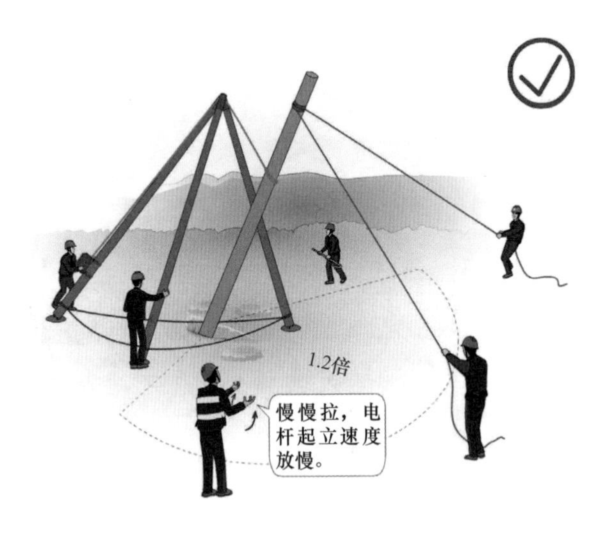

正确图例3-2

（一）立、撤杆作业

（2）立、撤杆塔时，禁止基坑内有人。除指挥人及指定人员外，其他人员应在杆塔高度的1.2倍距离以外。

安全要点：

（1）除指定人员外，倒杆范围不得有人。

（2）居民区和交通道路附近立、撤杆，应设警戒范围或警告标志，并派人看守。

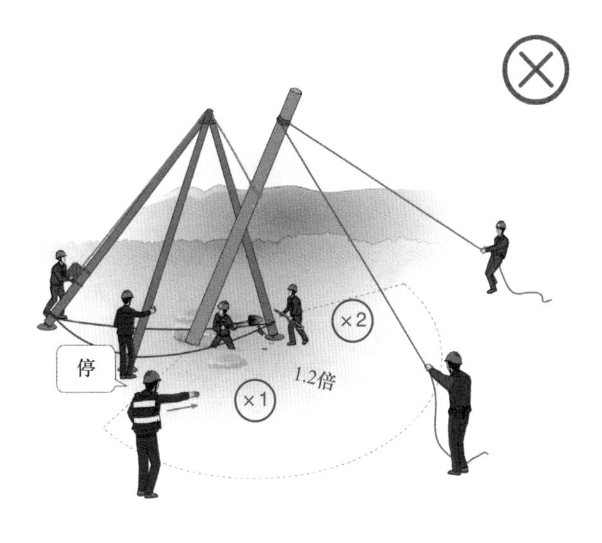

错误图例3-2

错在哪？

错误点：
×1 基坑内有人。
×2 倒杆范围内有人。

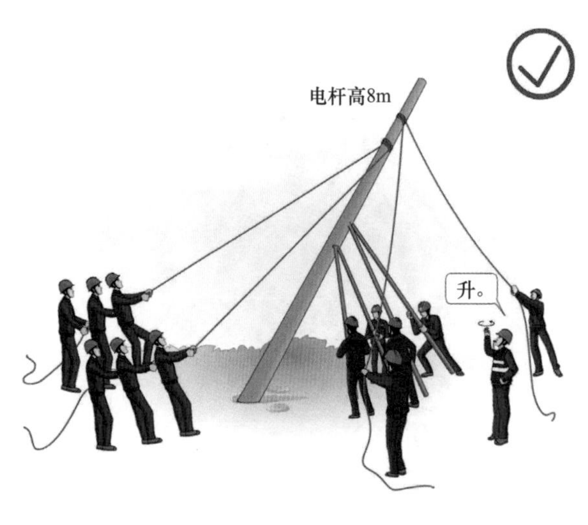

正确图例3-3

（一）立、撤杆作业

（3）顶杆及叉杆只能用于竖立8m以下的拔梢杆，不得用铁锹、木桩等代用；立杆前，应开好“马道”；作业人员应均匀分布在电杆两侧。

安全要点：

（1）立、撤杆工作应分工明确、信号统一、动作协调；要划定作业区域，严禁无关人员进入施工现场；撤杆前不得随意拆除受力构件。

（2）根据杆根检查、电杆埋设牢固度检查、拉线及组件检查情况，对需要采取加固措施的混凝土杆，采取增加临时拉线（或支好架杆）、培土加固等措施，对已开裂（断裂）电杆应使用吊车等施工机械拆除。

（3）作业中要控制好电杆重心和电杆起立角度。控制、牵引等拉绳的操作应由有经验的人员进行，并统一指挥，必要时可采取增加临时晃绳等措施。

（4）撤除小方杆（手模杆）时在未采取确保人身安全措施的情况下，严禁工作人员直接攀登小方杆进行杆上作业。提倡采用施工机械等措施进行安全拆除。

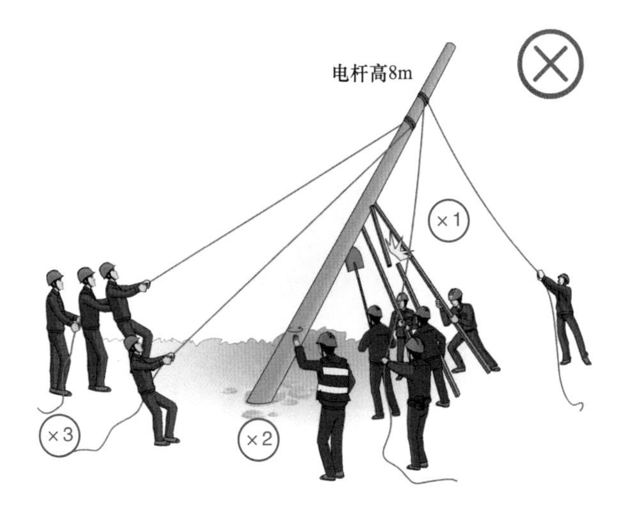

错误图例3-3

错在哪?

错误点：

×1 用铁锹、木桩代替顶杆和叉杆。

×2 未开马道。

×3 电杆两侧人员不均。

正确图例3-4

（一）立、撤杆作业

（4）立杆及修整杆坑，应采用拉绳、叉杆等控制杆身倾斜、滚动，电杆立正后应迅速将杆基夯实。

安全要点：

已经起立的电杆，只有在杆基回土夯实完全牢固后，方可撤去抱杆（叉杆）及拉绳。回填土块直径不应大于30mm，每回填150mm应夯实一次。基础未完全夯实牢固和拉线杆塔在拉线未制作完成前，严禁攀登。

错误图例3-4

错在哪？

错误点：

×1 杆基未夯实间断工作，现场吸烟。

正确图例3-5

（一）立、撤杆作业

（5）利用已有杆塔立、撤杆，应检查杆塔根部及拉线和杆塔的强度，必要时应增设临时拉线或采取其他补强措施。

安全要点：

（1）不得利用树木或外露岩石作受力桩。
（2）一个锚桩上的临时拉线不得超过两根。
（3）临时拉线不得固定在有可能移动或其他不可靠的物体上。
（4）临时拉线绑扎工作应由有经验的人员担任。
（5）临时拉线应在永久拉线全部安装完毕承力后方可拆除。
（6）杆塔施工过程需要采用临时拉线过夜时，应对临时拉线采取加固和防盗措施。
（7）地锚的分布和埋设深度，应根据现场所用地锚用途和周围土质设置；禁止使用弯曲和变形严重的钢质地锚；禁止使用出现横向裂纹以及有严重纵向裂纹或严重损坏的木质锚桩。

错误图例3-5

错在哪?

错误点：

×1 未补强旧杆。

×2 未检查杆根。

正确图例3-6

（一）立、撤杆作业

（6）立、撤杆作业，应使用合格的起重机械，严禁过载使用。使用前检查起重工具是否完好，做好钢丝绳检查。钢丝绳套应吊在电杆的适当位置以防止电杆突然倾倒。起吊电杆和吊运装车过程中必须将电杆绑牢。起重臂下、吊运电杆车辆倒杆范围内严禁站人。

安全要点：

（1）起吊作业的施工机械自身安全措施必须到位，吊车应停放在合适的位置，支腿下放好垫木，防止因重心偏移不稳定、支撑不牢靠、操作不规范等原因发生倾翻，起重吊钩必须有防脱扣闭锁。

（2）起吊前，应由起重工作负责人检查悬吊情况及所吊物体的捆绑情况，重物稍离地面，应再次检查各受力部位，确认无异常情况后方可继续起吊。

（3）起吊过程中，吊车严禁熄火，吊件不得长时间悬空停留；短时间停留时，操作人员、指挥人员不得离开工作岗位。

错误图例3-6

错在哪?

错误点：

×1 电杆绑扎点位置错误，绑扎不牢靠，无晃绳。

×2 吊车挂钩钢丝绳绑扎不牢靠。

×3 吊臂下有人。

正确图例3-7

（一）立、撤杆作业

（7）立杆时，杆顶起立离地0.8m后，应对各部受力点做一次全面检查，确无问题再继续起立。起立70°后减缓速度，注意各侧拉绳，特别控制好后侧头部拉绳防止过牵引。起立至80°时，停止牵引，用临时拉线调整杆塔。

安全要点：

（1）立杆前应对电杆进行全面检查，看杆顶是否封堵，杆身有无漏筋现象，纵、横裂纹是否在规定允许范围内。

（2）使用抱杆立（撤）杆时，抱杆下部应固定牢固，在松软土质处立杆时，应有防止抱杆沉陷的措施，在坚硬或冰雪冻结的地面上立杆时，应有防止抱杆滑移的措施，当抱杆受力后发生不均匀沉陷时，应及时调整。

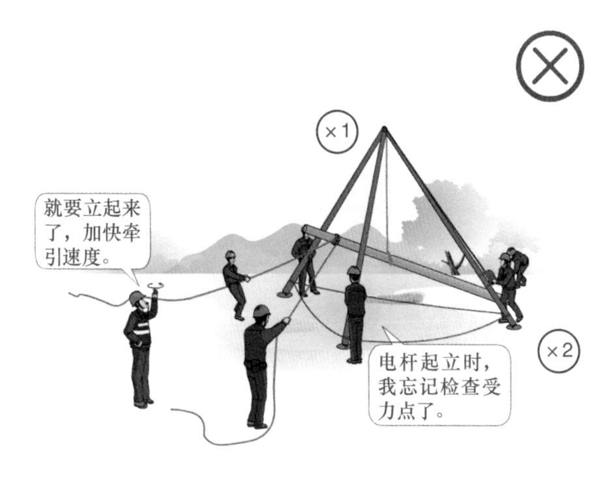

错误图例3-7

错在哪？

错误点：

×1 电杆起立速度过快。

×2 未检查受力点。

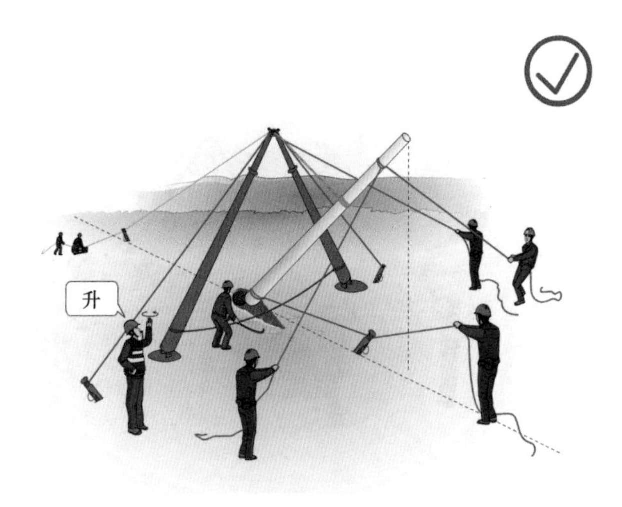

正确图例3-8

（一）立、撤杆作业

（8）使用倒落式抱杆立、撤杆，主牵引绳、尾绳、杆塔中心及抱杆顶应在一条直线上，抱杆下端部应固定牢固，抱杆顶部应设临时拉线，并由有经验的人员均匀调节控制。抱杆应受力均匀，两侧缆风绳应拉好，不得左右倾斜。

安全要点：

（1）电杆离地全面检查时，可用手锤适当力度敲打钢丝绳扣部位，使其缠绕紧密。

（2）立杆时在立杆范围以内应禁止行人走动，非工作人员应撤离施工现场。

（3）起吊时，指挥人应站在能看到现场的各个部位的位置，确保主牵引绳、杆塔中心、抱杆在一条直线上，并注意不让地锚拔出。

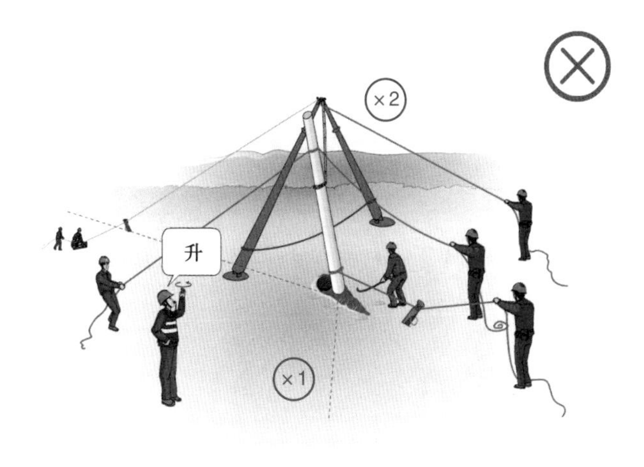

错误图例3-8

错在哪？

错误点：

×1 主牵引绳、杆塔中心、抱杆不在一条直线上。

×2 抱杆顶部无拉线。

正确图例3-9

（一）立、撤杆作业

（9）在带电线路、设备附近立、撤杆塔，杆塔、拉线、临时拉线、起重设备、起重绳索应与带电线路、设备保持足够的安全距离，且应有防止立、撤杆过程中拉线跳动和杆塔倾斜接近带电导线的措施。如带电立、撤杆塔有任何疑问，需停电、做好安全措施后方可进行立、撤杆作业，严禁野蛮施工作业。

安全要点：

（1）当不满足安全距离要求时，应停电作业。

（2）带电立、撤杆，起重工器具、电杆与带电设备应始终保持有效的绝缘遮蔽或隔离措施，并有防止起重工器具、电杆等的绝缘防护及遮蔽器具绝缘损坏或脱落的措施。

（3）立、撤杆时，应使用足够强度的绝缘绳索作拉绳，控制电杆的起立方向。

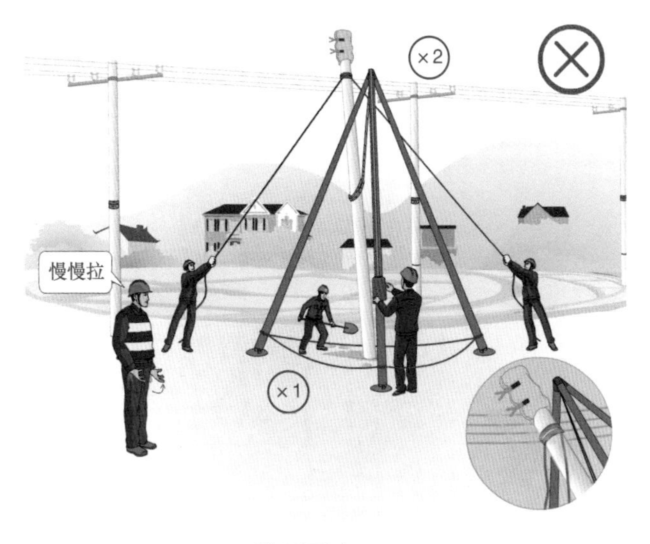

错误图例3-9

错在哪？

错误点：

×1 无防止拉线跳动的措施。

×2 电杆距离带电线路太近。

正确图例3-10

（一）立、撤杆作业

（10）撤杆前，应先检查电杆无卡盘或障碍物。登即将拆除的电杆前，要检查杆根及杆塔埋深是否符合要求，杆塔埋深不够或无埋深标识时，采取必要的安全措施后方可登杆。

安全要点：

（1）电杆应标注埋深标记，其中8m 电杆埋深1.5m，9m 电杆埋深1.6m，10m 电杆埋深1.7m，12m 电杆埋深1.9m，13m 电杆埋深2.0m，15m 电杆埋深2.3m，电杆埋深约为杆长的六分之一。（见Q/GDW 519—2010《配电网运行规程》）

（2）登杆前，应根据杆根检查、电杆埋深牢固度检查、拉线及组件检查情况，对需要采取加固措施的电杆，采取增加临时拉线（或支好架杆）、培土加固等措施。

错误图例3-10

错在哪?

错误点：

×1 电杆埋深不够。

×2 没有检查电杆埋深。

正确图例3-11

（一）立、撤杆作业

（11）撤杆时，钢丝绳套应吊在电杆的适当位置，以防止电杆突然倾倒，将杆上所有金具、导线等连接部分断开，并在杆头部拴上拉绳，然后将杆根土挖出，起吊受力后，要对各受力点进行检查，无问题后，缓慢起吊，逐渐拔出电杆，控制手绳，掌握杆头方向，然后将拆除的电杆落放到地面合适位置。

安全要点：

（1）在撤杆工作中，拆除杆上导线前，应先检查杆根，做好防倾倒措施，在挖坑前应先绑好拉绳。

（2）不宜带电立、撤杆。

（3）撤杆时，应先检查有无卡盘或障碍物并试拔。

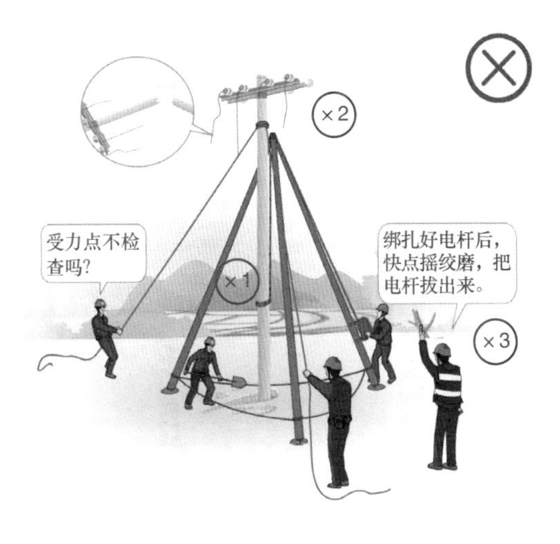

错误图例3-11

错在哪?

错误点：

×1 吊点太低。

×2 杆头金具未拆除。

×3 受力点未检查。

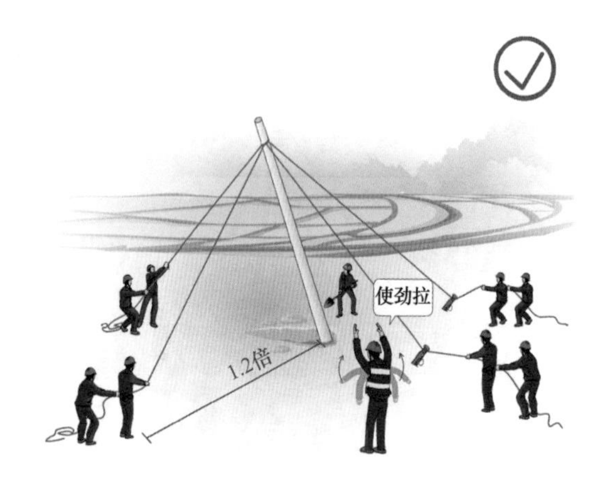

正确图例3-12

（一）立、撤杆作业

（12）人力拆除杆塔时，在杆头拴上拉绳，然后开好“马道”，并将杆根土挖出，挖坑人员不许站在倒杆方向。撤杆过程中，应保证足够人力，拉绳具备足够长度和机械强度，电杆倾倒60°后，应防止电杆突然倾倒或杆根突然弹起伤人。

安全要点：

（1）人力拆除电杆时，应有专人指挥，在混凝土杆重心以上合适部位装设好四方临时拉线并在两侧绑扎好拉绳。

（2）松线、拆线后，根据现场地形情况，在混凝土杆准备倾倒的方向开好马道（马道应与地面成45°，深度接近混凝土杆埋深，宽度稍宽于混凝土杆底部外径），若马道开挖困难，在混凝土杆根部平地面部位欲倾倒方向截断部分电杆。

（3）解除四方临时拉线，人力用拉绳将混凝土杆向开槽或截断方向倾倒（撤杆过程中，人员均处于混凝土杆高度的1.2倍距离之外）。

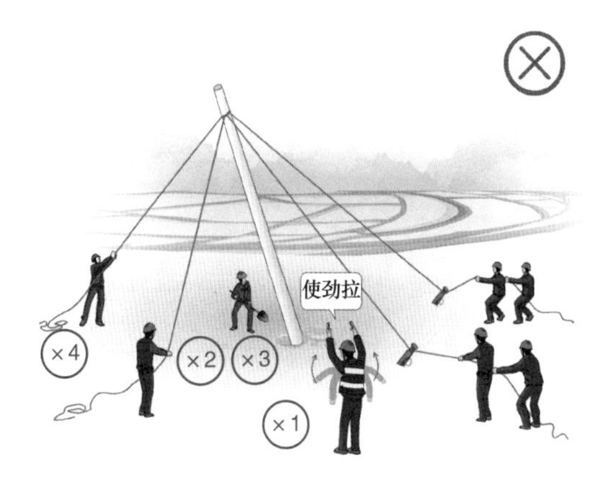

错误图例3-12

错在哪？

错误点：
×1 未开马道。
×2 倒杆方向有人。
×3 杆根部有人。
×4 人力不足。

正确图例3-13

（一）立、撤杆作业

（13）在电杆上作业时，应使用有后备绳的安全带，安全带和后备绳应分别挂在电杆不同部位的牢固构件上，并防止安全带从杆顶脱出或被锋利物损坏。登杆、杆上移位不得失去安全带保护。

安全要点：

（1）在电焊作业或者其他有火花、熔融源等场所使用的安全带或安全绳应有个人防磨套。

（2）安全带的挂钩或绳子应挂在结实牢固的构件上，或专为挂安全带用的钢丝绳上，并应采用高挂低用的方式，禁止挂在移动或不牢固的物体上。

（3）安全带和专作固定安全带的绳索在使用前应进行外观检查，按规定定期检验，不合格者不得使用。

（4）作业人员作业过程中，应随时检查安全带是否拴牢。

（5）腰带和保险带、绳应有足够的机械强度，材质应耐磨，卡环（钩）应具有保险装置，操作应灵活。保险带、绳使用长度在3m以上的应加缓冲器。

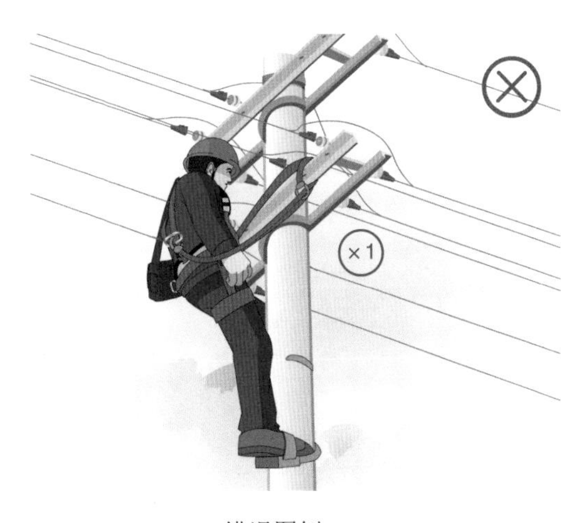

错误图例3-13

错在哪？

错误点：

×1 后备绳与安全带挂在同一部位。

正确图例3-14

（一）立、撤杆作业

（14）攀登电杆前应对安全带进行外观检查。攀登电杆前应检查登高工具并在不高于地面0.3m处做人体动态冲击测试。禁止携带器材登杆。

安全要点：

（1）登杆前，应检查登高工具、设施（如脚扣、升降板、安全带、梯子和脚钉、爬梯、防坠装置等）是否完整牢靠。

（2）攀登有覆冰、积雪、积霜、雨水的杆塔时，应采取防滑措施。

（3）攀登过程中应检查电杆横向裂纹和金具锈蚀情况。

错误图例3-14

错在哪？

错误点：

×1 安全带、脚扣未检查。

×2 脚扣未做动态冲击测试。

×3 携带器材登杆。

正确图例3-15

（二）放、紧、撤线作业

（1）放线、紧线与撤线工作均应有专人指挥、统一信号，并做到通信畅通、加强监护，做好跨越架搭设、封航、封路、在路口设专人持信号旗看守等安全措施。

安全要点：

（1）专责监护人应由具有相关专业工作经验，熟悉工作范围内的设备情况和《安规》的人员担任。

（2）工作前应检查确认放线、紧线与撤线工具及设备符合要求。

错误图例3-15

错在哪？

错误点：

×1 无专人指挥。

×2 无专人监护。

正确图例3-16

（二）放、紧、撤线作业

（2）采用以旧线带新线方法放线时，在每基杆塔的下方设专人看守，防止导线的接头被滑车及跨越架卡住，造成倒杆事故。采用人工放线时，要防止导线出金钩。

安全要点：

（1）应检查确认旧导线完好牢固。

（2）若放线通道中有带电线路和带电设备，应与之保持安全距离，无法保证安全距离时应采取搭设跨越架等措施或停电。

（3）牵引过程中应安排专人跟踪新旧导线连接点，发现问题立即通知停止牵引。

错误图例3-16

错在哪？

错误点：
×1 杆下无人看守。
×2 导线出现金钩。
×3 线头卡住，强行拉拽导线。

正确图例3-17

（二）放、紧、撤线作业

（3）紧、撤线工作要根据导线截面选择满足要求的施工用具，紧、撤线时要防止跑线伤人。使用开门滑车时，应将开门勾环扣紧，防止绳索自动跑出。

安全要点：

（1）卡线器的规格、材质应与线材的规格材质相匹配。
（2）使用的滑车应有防止脱钩的保险装置或封口措施。
（3）滑车不得拴挂在不固定的结构物上。

错误图例3-17

错在哪？

错误点：

×1 开门滑车扣环未封闭。

×2 施工工具与导线不匹配。

正确图例3-18

（二）放、紧、撤线作业

（4）紧线前应检查拉线、杆根、横担、导线连接处、紧放线工具是否满足紧放线要求，必要时，应加固桩锚或增设临时拉线。紧放线时工作人员不得跨或站在导线内角侧，防止意外跑线时被抽伤。

安全要点：

（1）放、紧线前，应检查确认导线无障碍物挂住。

（2）工作前应检查确认放线、紧线与撤线工具及设备符合要求。

错误图例3-18

错在哪?

错误点：

×1 登杆作业前，没有检查拉线、杆根。

×2 没有加装临时拉线。

正确图例3-19

（二）放、紧、撤线作业

（5）放线、紧线时，遇接线管或接线头过滑车、横担、树枝、房屋等处有卡、挂现象，应松线后处理。处理时操作人员应站在卡线处外侧，采用工具、大绳等撬、拉导线。禁止用手直接拉、推导线。

安全要点：

放线、紧线与撤线时，作业人员不应站在或跨在已受力的牵引绳、导线的内角侧，展放的导线圈内以及牵引绳或架空线的垂直下方。

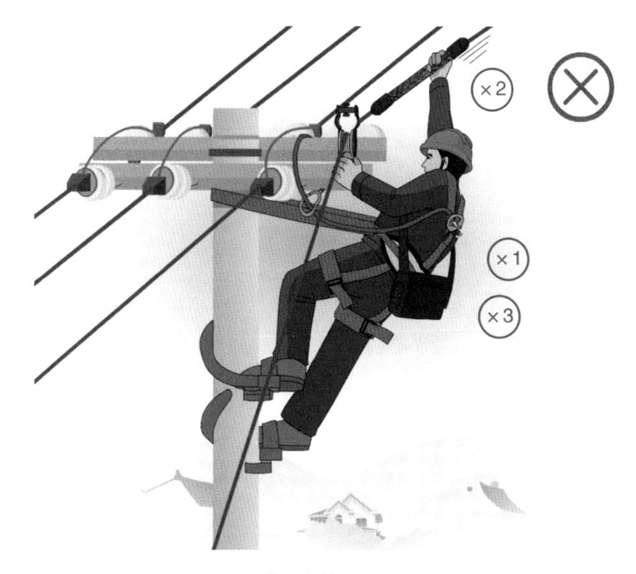

错误图例3-19

错在哪？

错误点：

×1 人站在卡线处内侧。

×2 用手拉、推导线。

×3 未松线处理卡住现象。

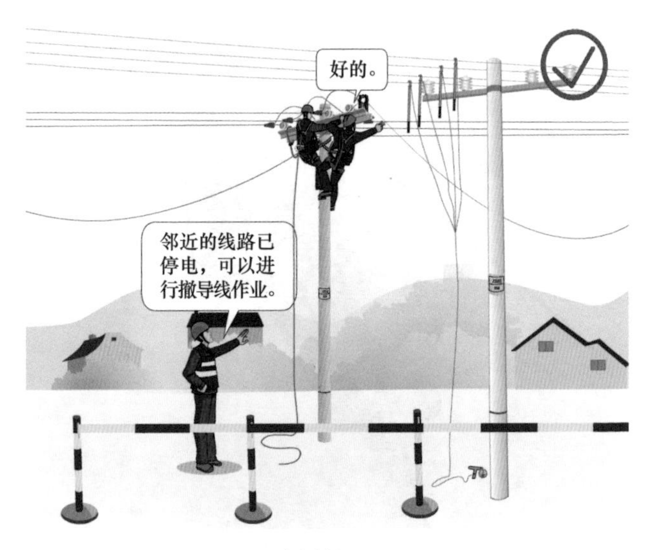

正确图例3-20

（二）放、紧、撤线作业

（6）放、撤导线遇到邻近带电线路时，应有专人监护，应与之保持安全距离，无法保证安全距离时应停电作业并做好接地。

安全要点：

（1）禁止在有同杆（塔）架设的10（20）kV 及以下线路带电情况下，进行另一回线路的停电施工作业。
（2）放、撤导线遇到邻近带电线路时，应采取防止导线跳动或过牵引措施。
（3）邻近带电线路工作时，人体、导线、施工机具等与带电线路的距离应满足规定要求，作业的导线应在工作地点接地，绞车等牵引工具应接地。
（4）低压配电线路和设备检修，应断开所有可能来电的电源（包括解开电源侧和用户侧连接线），对工作中有可能触碰的相邻带电线路、设备应采取停电或绝缘遮蔽措施。

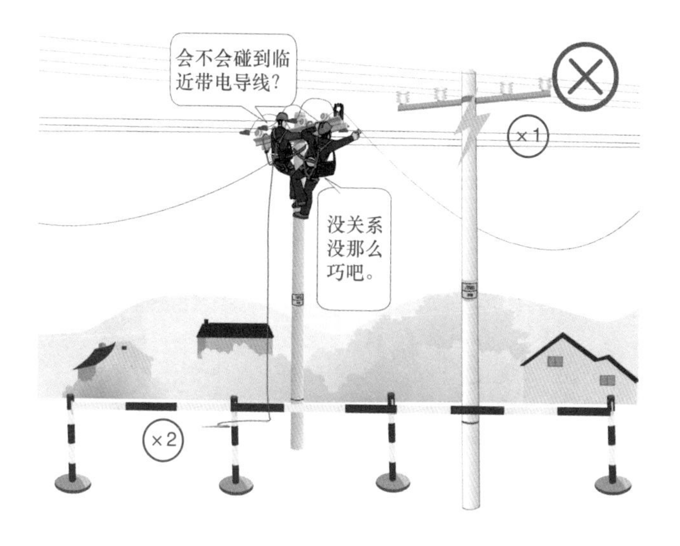

错误图例3-20

错在哪?

错误点：

×1 临近带电线路未停电、未装设接地线。

×2 无人监护。

正确图例3-21

（二）放、紧、撤线作业

（7）禁止采用突然剪断导线的做法松线，放线、紧线、撤线作业下方严禁站人，作业现场应设置围栏。

安全要点：

应使用紧线器，释放张力后方可剪断导线。

错误图例3-21

错在哪？

错误点：

×1 突然剪断导线。

×2 线下有人。

×3 未设置围栏。

正确图例3-22

（三）电缆敷设作业

（1）沟（槽）开挖深度达1.5m及以上时，应采取措施防止土层塌方。

安全要点：

（1）沟（槽）开挖时，应将路面敷设材料和泥土分别堆置，堆置处和沟（槽）之间应保留通道供施工人员正常行走。

（2）在松软土质挖坑洞时，应采取加挡板、撑木等防止塌方的措施，不得由下部掏挖土层。采用的挡板、撑木等强度要符合作业现场需要。堆土应距坑边1m以外，高度不得超过1.5m。严禁作业人员在坑内休息。

错误图例3-22

错在哪?

错误点：

(×1) 超过1.5m，没有防止塌方措施。

正确图例3-23

（三）电缆敷设作业

（2）沟（槽）开挖时，在堆置物堆起的斜坡上不得放置工具、材料等器物，防止回落伤人。

安全要点：

沟（槽）开挖时，应将路面铺设材料和泥土分别堆置，堆置处和沟（槽）之间应保留通道供施工人员正常行走。

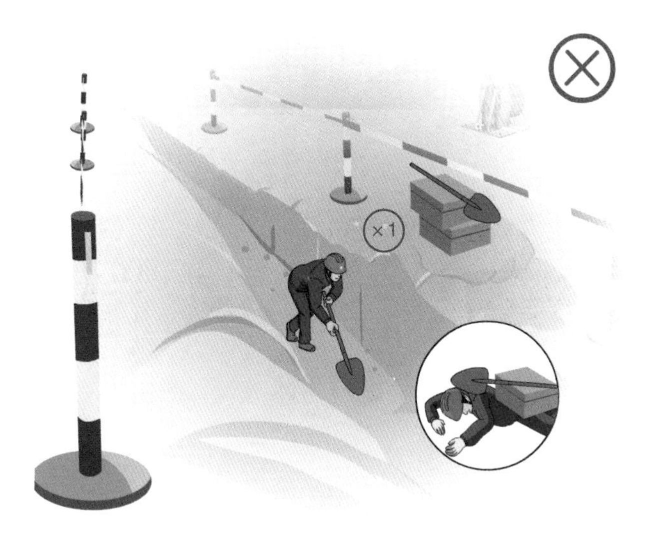

错误图例3-23

错在哪?

错误点：

×1 斜坡上堆置工具、材料。

正确图例3-24

（三）电缆敷设作业

（3）在下水道、煤气管道、潮湿地、垃圾堆或有腐殖物质等附近挖沟（槽）时，应设专人监护。

安全要点：

（1）挖坑前，应与有关地下管道、电缆等设施的主管单位取得联系，明确地下设施的确切位置，做好防护措施。

（2）在挖深超过2m的沟（槽）内工作时，应采取戴防毒面具、向沟（槽）送风和持续检测等安全措施；监护人应密切注意挖沟（槽）人员，防止煤气、硫化氢等有毒气体中毒及沼气等可燃气体爆炸。

（3）已开挖的沟（坑）应设盖板或可靠遮拦、挂警告标志牌，夜间设置警示照明灯并设专人看守。

（4）发现有人中毒，采取安全措施后，方可施救，不得盲目施救。

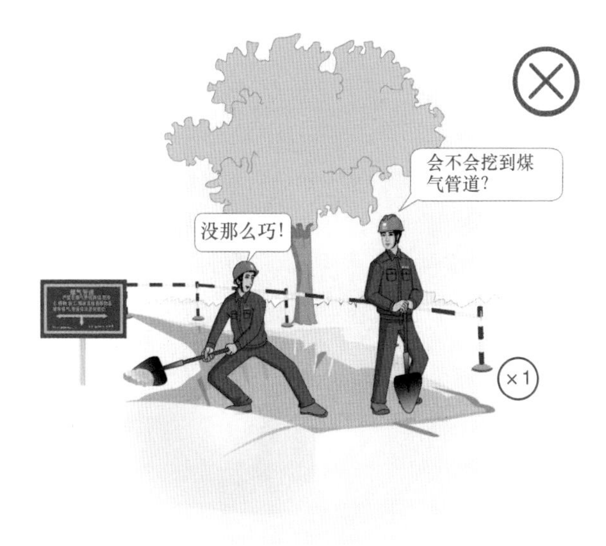

错误图例3-24

错在哪?

错误点:

×1 在煤气管线附近挖沟（槽）无人监护。

正确图例3-25

（三）电缆敷设作业

（4）挖到电缆保护板后，应由有经验的人员现场指导，方可继续进行。

安全要点：

为防止损伤运行电缆或其他地下管线设施，在城市道路红线范围内不应使用大型机械开挖沟（槽），硬路面面层破碎可使用小型机械设备，但应加强监护，不得深入土层。

错误图例3-25

错在哪？

错误点：

×1 挖到电缆保护板未停止工作。

正确图例3-26

（三）电缆敷设作业

（5）在电缆沟内敷设电缆前，应首先检查电缆沟两侧有无塌方和其他物品易掉落到电缆沟内的情况，防止人员在沟内敷设电缆时被掉落物品砸伤。

安全要点：

敷设电缆前，应检查电缆沟内无异物、积水、油污，电缆沟底必须具有良好的土层，不应有影响电缆运行的石块或其他硬质杂物。

错误图例3-26

错在哪?

错误点：

×1 未检查沟内有影响电缆运行的硬质杂物。

×2 堆土距离沟边过近。

正确图例3-27

（三）电缆敷设作业

（6）敷设电缆应使用专用放线车（架），将放线车（架）牢固固定在地面上，有防止放线车（架）、电缆线轴倒塌措施。

安全要点：

（1）绞磨应放置平稳，锚固应可靠，受力前方不得有人，锚固绳应有防滑动措施，并可靠接地。

（2）绞磨作业前应检查和试车，确认安置稳固、运行正常、制动可靠后方可使用。

（3）绞磨作业时禁止向滑车上套钢丝绳，禁止在卷筒、滑车附近用手触碰运行中的钢丝绳，禁止跨越行走中的钢丝绳，禁止在导向滑车的内侧逗留或通过。

错误图例3-27

错在哪?

错误点：

×1 放线架未固定，未设置围栏。

×2 作业人员离线轴太近。

正确图例3-28

（三）电缆敷设作业

（7）在有带电电缆的电缆沟内敷设新电缆，应对带电电缆进行检查，在确保带电电缆无破损、不影响安全的情况下，方可敷设新电缆。

安全要点：

（1）电缆敷设前，应检查电缆型号、电压、规格符合要求，外观无损伤、绝缘良好。
（2）在带电电缆沟内敷设新电缆，应由工作负责人组织对带电电缆破损情况进行仔细检查，并查明带电电缆名称、电网接线、走向。
（3）发现电缆破损，在修复前禁止敷设新电缆。
（4）不得在带电电缆上拖拽敷设电缆，防止带电电缆绝缘层磨损，造成触电伤人，垂直敷设电缆时前端用绳索牵引防止电缆突然坠落伤人。

错误图例3-28

错在哪?

错误点：

×1 没有检查带电电缆破损情况。

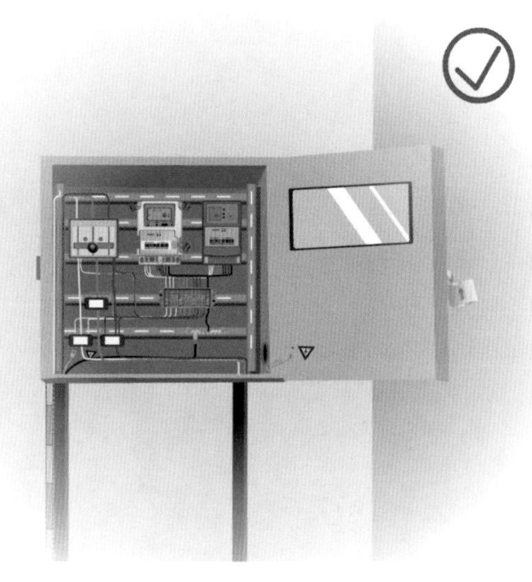

正确图例3-29

（四）配电箱作业

（1）配电箱安装应牢固，箱内电缆、设备严禁承受外力，内部设备相间保持安全距离，防止短路。

安全要点：

（1）配电箱应装设在干燥、通风及常温场所，动力与照明配电箱应分别设置，如合置在同一配电箱内，动力、照明线应分路设置。

（2）配电箱应外观完整、无损伤、无锈蚀、无变形，防水、防潮、防尘、通风措施可靠，箱门开闭灵活，门锁可靠，关闭严密。

（3）配电箱内接线应正确，编号规范清晰，连接牢固，相色、相位排列正确、工艺美观。

（4）配电箱、开关箱应装设端正、牢固，移动式配电箱、开关箱应装设在坚固的支架上。

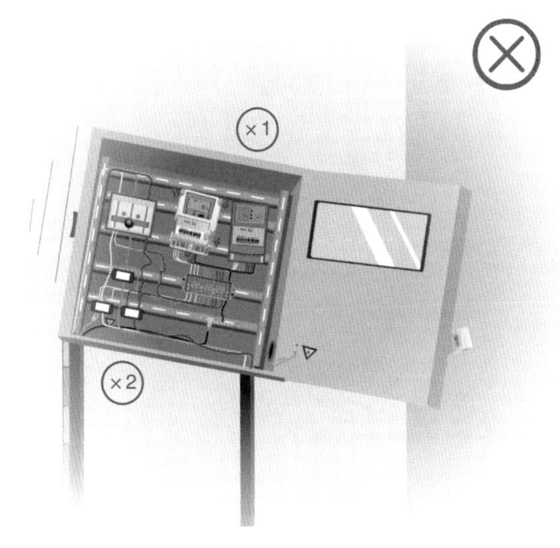

错误图例3-29

错在哪？

错误点：

×1 配电箱安装不牢靠。

×2 接线不规范。

正确图例3-30

（四）配电箱作业

（2）在低压配电箱工作时，应有防止电流互感器二次侧开路、电压互感器二次侧短路和防止相间短路、相对地短路、电弧灼伤的措施。

安全要点：

（1）严禁在未采取任何监护措施和保护措施的情况下，开展低压配电箱工作。

（2）在带电的电流互感器二次回路上工作，应采取措施防止电流互感器二次侧开路。短路电流互感器二次绕组，应使用短路片或短路线，禁止用导线缠绕。

（3）在带电的电压互感器二次回路上工作，应采取措施防止电压互感器二次侧短路或接地。接临时负载，应装设专用的刀闸和熔断器。

错误图例3-30

错在哪？

错误点：

×1 无防止相间短路的措施。

×2 未戴护目镜。

正确图例3-31

（四）配电箱作业

（3）已投运变压器台上进行配电箱安装、更换作业，需填写配电第一种工作票，拉开上一级电源停电，并采取防反送电等安全措施后方可进行作业。

安全要点：

（1）在低压用电设备（如充电桩、路灯、用户终端设备等）上工作，应采取工作票或派工单、任务单、工作记录、口头、电话命令等形式，口头或电话命令应留有记录。

（2）在低压用电设备上工作，需高压线路、设备配合停电时，应填用相应的工作票。

错误图例3-31

错在哪？

错误点：

(×1) 没有填写配电第一种工作票。

(×2) 没有拉开上一级电源。

正确图例3-32

（四）配电箱作业

（4）接触配电箱前，应使用相应电压等级并合格的验电笔、验电器，对箱体验电，当发现配电箱、电能表箱箱体带电时，应断开上一级电源，查明带电原因，并作相应处理。

安全要点：

（1）带电断、接导线应有人监护。

（2）配电变压器低压侧应配置剩余电流动作总保护器；新建或改造的低压配电台区以及重要用电户，宜配置中级保护；户保［户保是指安装在用户进线处的剩余电流动作保护器（俗称漏电保护器）］一般安装在户表以下，农村多层住宅应分层装设剩余电流动作保护装置。

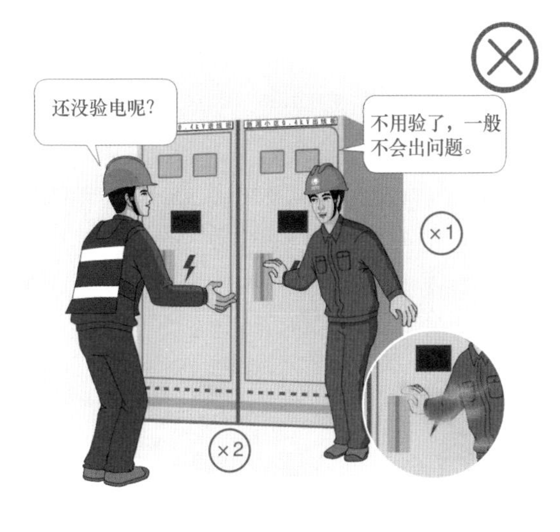

错误图例3-32

错在哪?

错误点：
×1 未对配电箱箱体验电。
×2 没有绝缘垫。

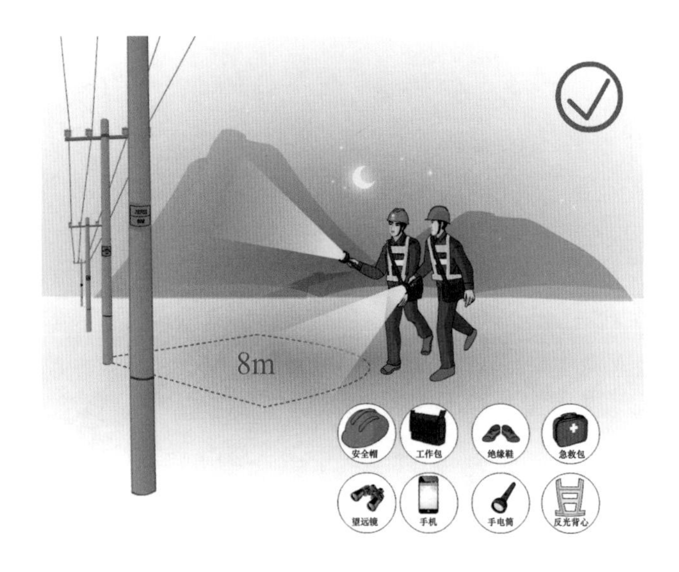

正确图例3-33

（五）线路及设备巡视作业

（1）正常巡视应穿绝缘鞋；雨雪、大风天气或事故巡线，巡视人员应穿绝缘靴或绝缘鞋；汛期、暑天、雪天等恶劣天气和山区巡线应配备必要的防护用具、自救器具和药品；夜间巡线应携带足够的照明用具。

安全要点：

（1）巡视人员应携带自卫用棍棒等，防止狗、蛇咬伤。

（2）巡视前应检查巡视工器具合格、齐备。

（3）巡视人员与派出部门之间应保持联系。

错误图例3-33

错在哪?

错误点：

×1 夜间巡视装备不全。

正确图例3-34

（五）线路及设备巡视作业

（2）电缆隧道、偏僻山区、夜间、事故或恶劣天气等巡视工作，至少两人一组进行。

安全要点：

（1）巡视工作应由有配电工作经验的人员担任。
（2）两人巡视应互相提醒安全注意事项。

错误图例3-34

错在哪？

错误点：

×1 恶劣天气单人巡线。

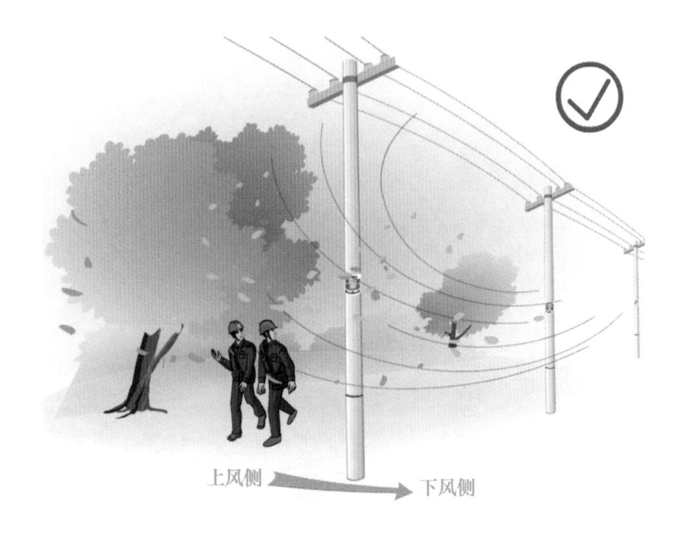

正确图例3-35

（五）线路及设备巡视作业

（3）大风天气巡线，应沿线路上风侧前进，以免触及断落的导线。事故巡视应始终认为线路带电，保持安全距离。夜间巡线，应沿线路外侧进行。巡线时禁止泅渡。

安全要点：

（1）大风巡线应与线路保持一定的安全距离，避免风化开裂、倾斜以及埋深不够电杆倾倒砸伤。

（2）正常巡视应穿绝缘鞋；雨雪、大风天气或事故巡线，巡视人员应穿绝缘靴或绝缘鞋。

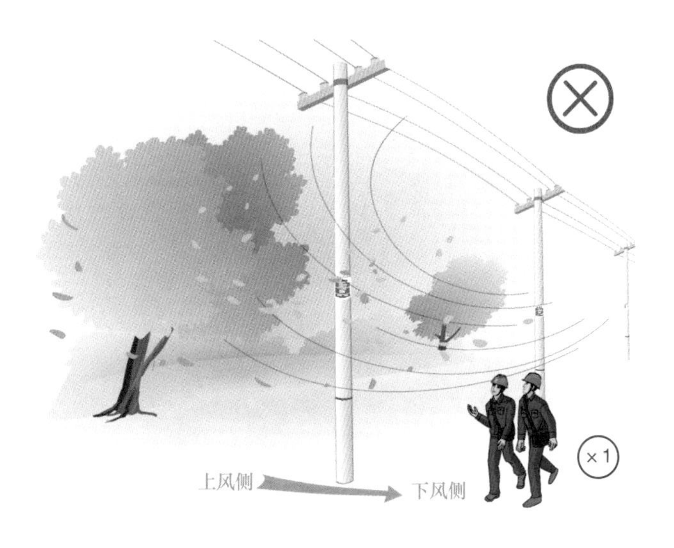

错误图例3-35

错在哪？

错误点：
×1 大风天气下风侧巡线，距离线路太近。

正确图例3-36

（五）线路及设备巡视作业

（4）雷电时，禁止巡线。地震、台风、暴雨、洪水、泥石流等灾害发生时，禁止巡视灾害现场。

安全要点：

灾害发生后，若需对配电线路、设备进行巡视，应得到设备运维单位批准。巡视人员与派出部门之间应保持通信联络。

错误图例3-36

错在哪?

错误点：

×1 自然灾害发生时，巡视灾害现场。

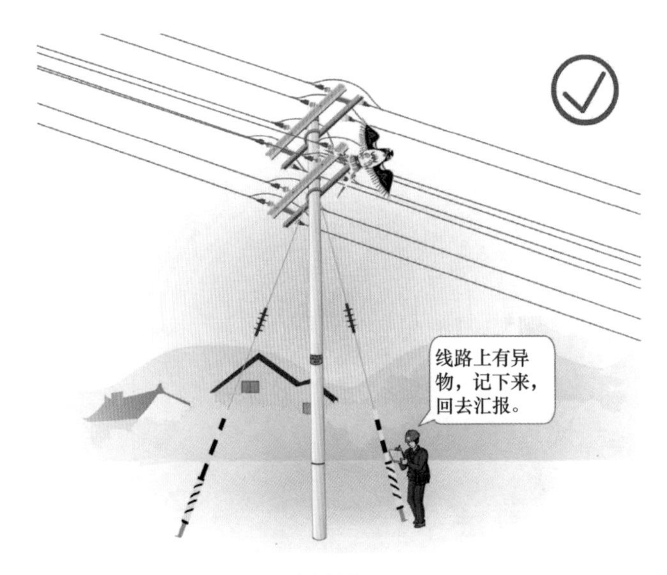

正确图例3-37

（五）线路及设备巡视作业

（5）单人巡视，禁止攀登杆塔和配电变压器台架等设施。

安全要点：

（1）单人巡视只能处理地面和无触电危险的缺陷。
（2）单独巡视人员应经设备运维管理单位批准并行文公布。

错误图例3-37

错在哪?

错误点：

(×1) 单人巡线登杆。

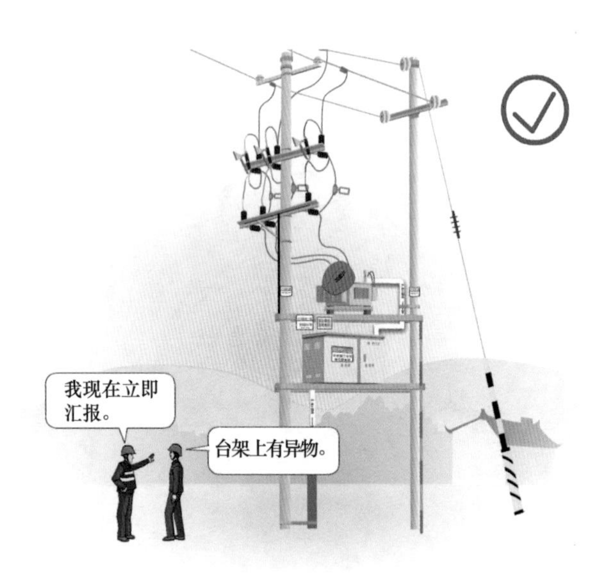

正确图例3-38

（五）线路及设备巡视作业

（6）无论配电线路、设备是否带电，巡视人员均应认为线路、设备带电。

安全要点：

（1）巡视时应始终认为线路、设备带电，即使明知该线路已停电，亦应认为线路有随时恢复送电的可能。
（2）无论高压配电线路、设备是否带电，巡视人员不得单独移开或越过遮栏；若有必要移开遮栏时，应有人监护，并保持安全距离。

错误图例3-38

错在哪?

错误点：

(×1) 巡视时，登杆处理异物。

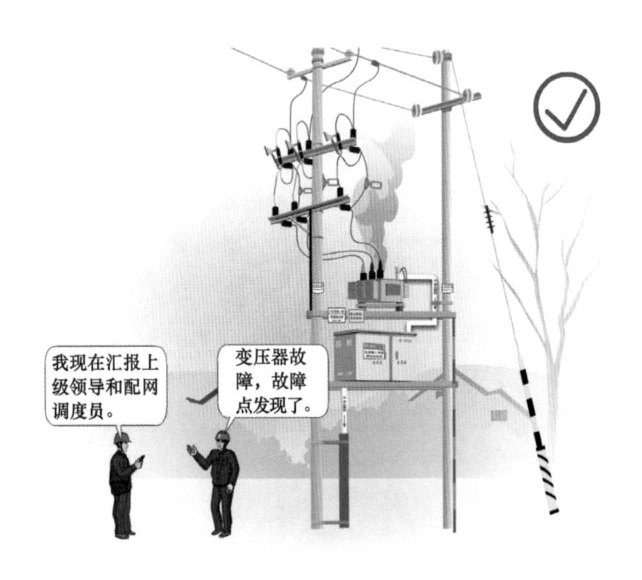

正确图例3-39

（五）线路及设备巡视作业

（7）巡视时，如发现设备危急缺陷或故障，应及时汇报调度部门和上级，严禁巡视过程中擅自处理。

安全要点：

发现设备危急缺陷或故障汇报调度部门和上级后，巡线人员应看护好现场，直至处理人员到达现场，以免触电伤人。

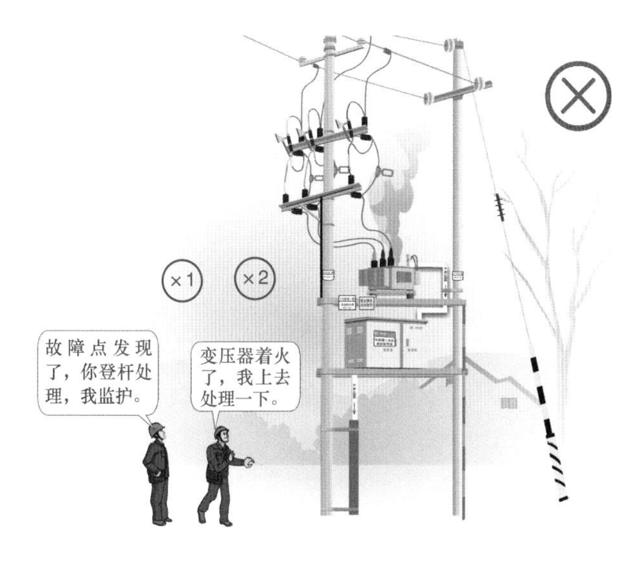

错误图例3-39

错在哪？

错误点：

×1 发现危急缺陷未汇报调度。

×2 擅自处理缺陷。

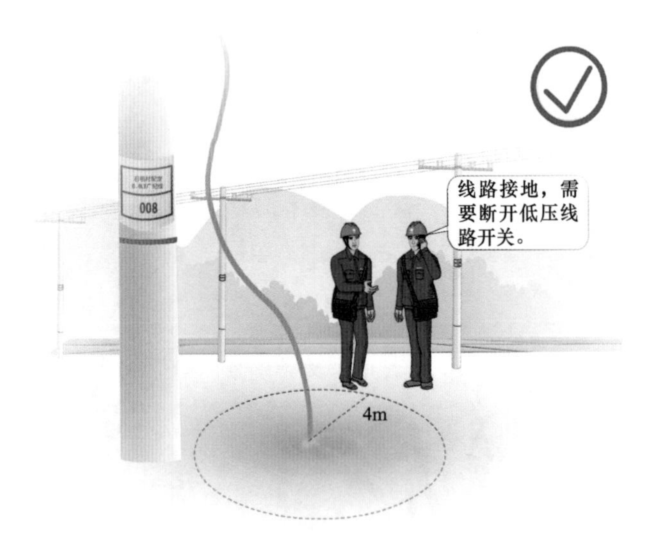

正确图例3-40

（五）线路及设备巡视作业

（8）低压配电网巡视时，禁止触碰裸露带电部位。

安全要点：

（1）巡视人员发现低压导线、电缆断落地面或悬挂空中，应立即派人看守，设法防止行人靠近断线地点4m以内，以免跨步电压伤人，同时应尽快将故障点的电源切断，并迅速报告调度和上级，派人看守等候处理。

（2）巡视人员发现高压配电线路、设备接地或高压导线、电缆断落地面、悬挂空中，室内人员应距离故障点4m以外，室外人员应距离故障点8m以外，并迅速报告调度和上级，等候处理。

（3）进入上述范围人员应穿绝缘靴，接触设备金属外壳时，应戴绝缘手套。

错误图例3-40

错在哪?

错误点：

×1 未穿绝缘鞋进入断线点 4m 以内。

正确图例3-41

（六）清障（树竹、鸟窝等异物）作业

（1）砍剪树木时，应防止马蜂等昆虫或动物伤人。上树砍剪树木，应使用安全带，安全带不得系在待砍剪树枝的断口附近或以上。

安全要点：

（1）上树时，不应攀抓脆弱和枯死的树枝，并使用安全带。安全带不得系在待砍剪树枝的断口附近或以上。
（2）不应攀登已经锯过或砍过的未断树木。

错误图例3-41

错在哪?

错误点：

×1 没有使用安全带。

×2 无防马蜂措施。

×3 攀登锯过未断树枝。

正确图例3-42

（六）清障（树竹、鸟窝等异物）作业

（2）砍剪树木时应做好控制树木倒向的措施。

安全要点：

（1）砍剪树木应有专人监护。
（2）待砍剪的树木下面和倒树范围内不得有人逗留，防止砸伤行人。为防止树木（树枝）倒落在导线上，应设法用绳索将其拉向与导线相反的方向。
（3）绳索应有足够的长度，以免拉绳的人员被倒落的树木砸伤。

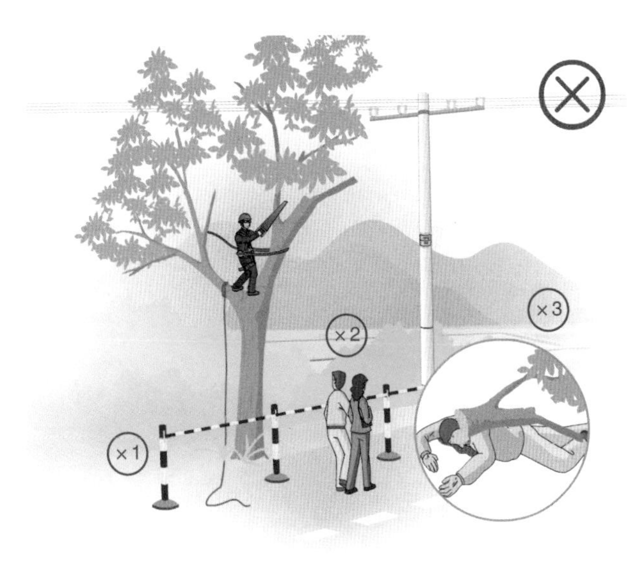

错误图例3-42

错在哪？

错误点：

×1 无人监护。

×2 围栏设置不合理，倒树范围有行人。

×3 没有将树枝拉向导线反方向的措施。

正确图例3-43

（六）清障（树竹、鸟窝等异物）作业

（3）砍剪树木应检查周围环境和树木情况，熟悉工具性能。

安全要点：

（1）砍树前应检查工具各项性能是否良好，砍剪范围有无铁钉等金属物件。

（2）使用油锯和电锯的作业，应由熟悉机械性能和操作方法的人员操作。油锯和电锯不宜带到树上使用。

（3）油锯和电锯锯片不得有裂口，电锯各种螺丝应拧紧；锯树木时，电锯必须紧贴树木，不得用力过猛，遇硬结要慢推。

错误图例3-43

错在哪?

错误点：

×1 砍树人不熟悉电锯性能。

×2 未检查所锯树木。

×3 未发现所锯树木上有金属物。

×4 树上使用电锯，工作人员未戴护目镜。

正确图例3-44

（六）清障（树竹、鸟窝等异物）作业

（4）风力超过5级时，禁止砍剪高出或接近带电导线的树木。

安全要点：

（1）树枝接触或接近带电导线时，应将线路停电或用绝缘工具使树枝远离带电导线至安全距离。

（2）5级以上大风，应停止露天高处作业。

错误图例3-44

错在哪？

错误点：

×1 风力大于5级时砍树。

正确图例3-45

（六）清障（树竹、鸟窝等异物）作业

（5）低压线路、设备异物带电清障工作前，工作负责人应向全体人员说明：电力线路有电，人员、树木、绳索应与导线保持规定的安全距离。

安全要点：

（1）低压线路、设备异物带电清障工作负责人应在工作开始前，向全体作业人员说明电力线路有电，严禁无票擅自作业，不得直接接触带电设备进行清障工作，怀疑有金属物体搭建的鸟窝，宜停电处理，拆除的鸟窝要妥善处理。

（2）不能与邻近低压带电导线保持0.7m以上安全距离，或存在潜在风险时，应停电作业。

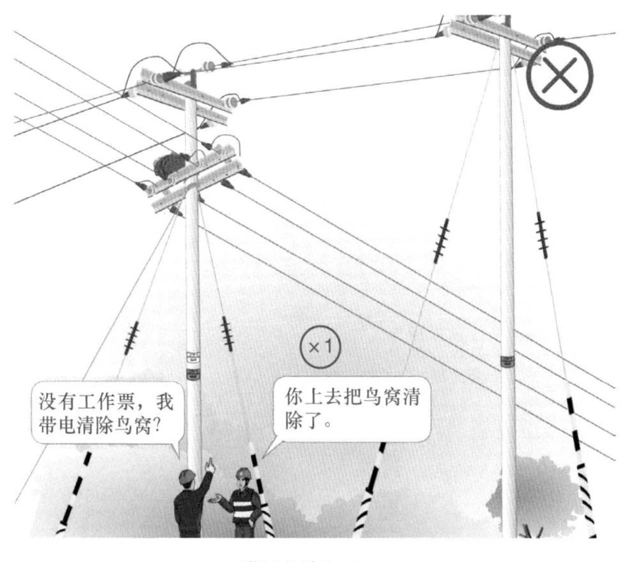

错误图例3-45

错在哪?

错误点：

×1 无票作业。

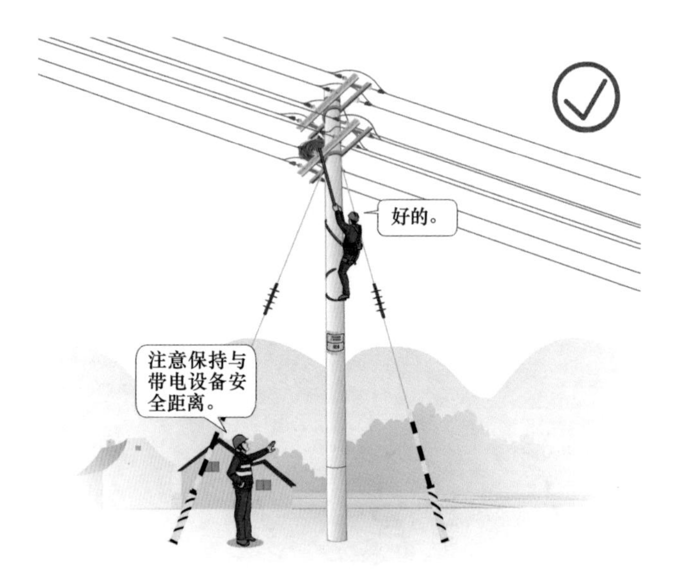

正确图例3-46

（六）清障（树竹、鸟窝等异物）作业

（6）清障作业必须有人监护，并注意与邻近带电设施保持安全距离。

安全要点：

（1）严禁单人进行清障作业。

（2）停电清障作业如邻近其他带电设施，必须与带电设施保持足够的安全距离方可作业。

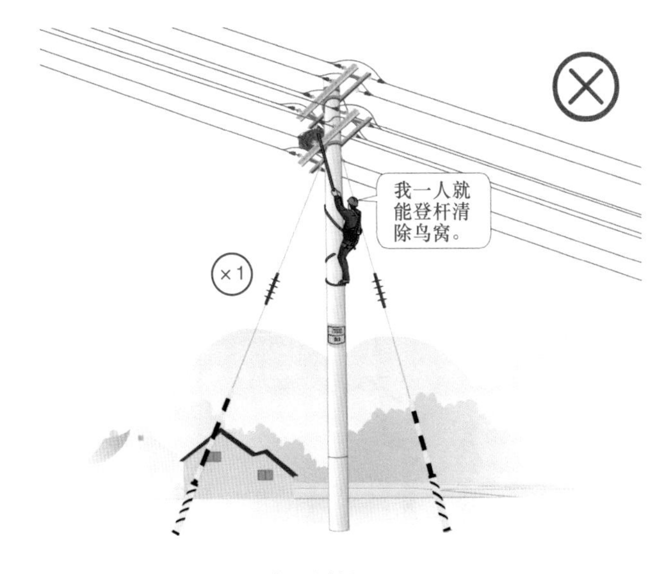

错误图例3-46

错在哪?

错误点：
×1 单人带电清除异物。

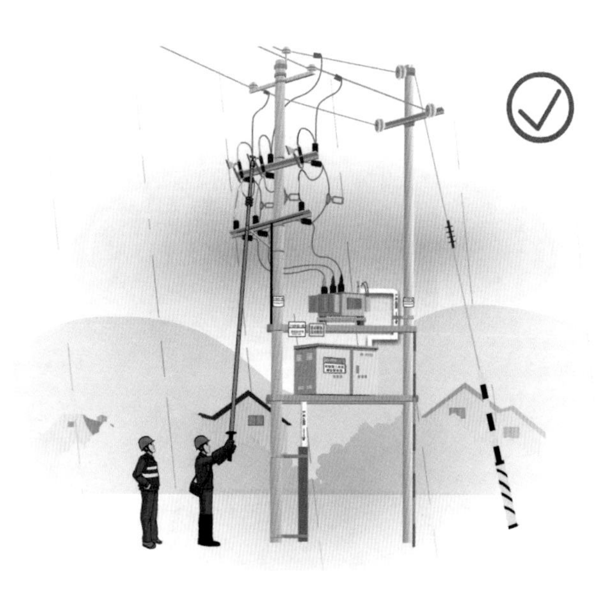

正确图例3-47

（七）开关类设备运维作业

（1）雨天室外操作，应由两人进行，一人操作一人监护，操作人必须使用有防雨罩的绝缘拉杆，并穿绝缘靴、戴绝缘手套。

安全要点：

（1）绝缘操作杆允许使用电压应与设备电压等级相符。

（2）绝缘操作杆使用时，作业人员的手不得越过护环或手持部分的界限；人体应与带电设备保持安全距离，并注意防止绝缘杆被人体或设备短接，以保持有效的绝缘长度。

（3）雷电时，禁止就地倒闸操作和更换熔丝。

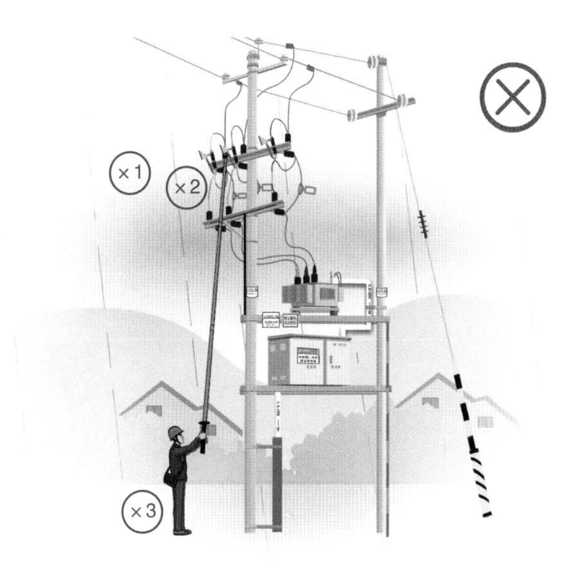

错误图例3-47

错在哪？

错误点：

×1 雨天室外单人操作。

×2 未使用有防雨罩的绝缘拉杆。

×3 未穿绝缘靴、未戴绝缘手套。

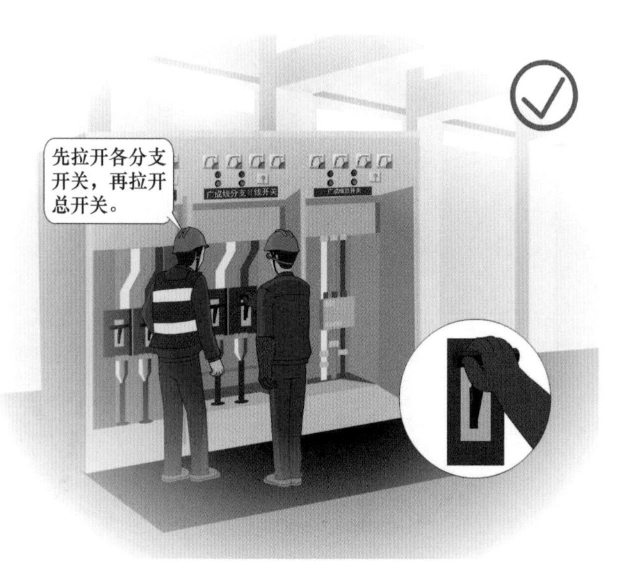

正确图例3-48

（七）开关类设备运维作业

（2）拉开低压开关操作应戴绝缘手套，先拉开所有分支低压开关后，方可拉开低压总开关。

安全要点：

工作负责人对有触电危险的低压开关操作，应增设专责监护人和确定被监护的人员。

错误图例3-48

错在哪?

错误点：
×1 未戴绝缘手套。
×2 先拉开了总开关。
×3 无人监护。

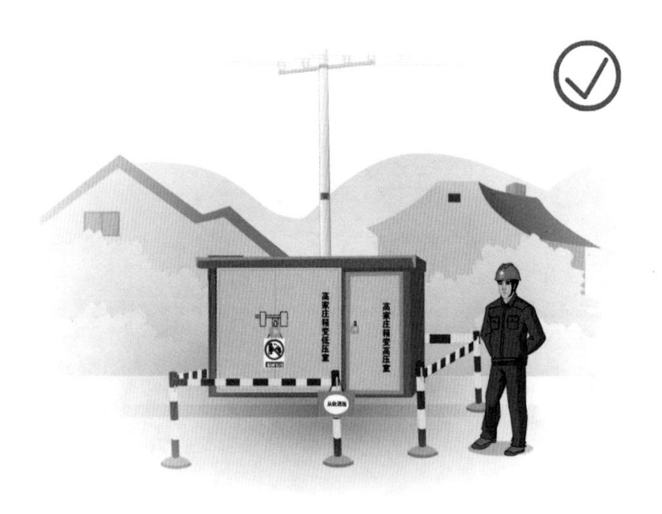

正确图例3-49

（七）开关类设备运维作业

（3）拉开居民楼或用户低压开关前，应与物业部门和用户联系，在拉开的开关的柜门上加锁，并悬挂“禁止合闸，有人工作”标示牌，必要时派专人看守，防止误送电。

安全要点：

拉开用户开关前，应确认通知用户停电。

错误图例3-49

错在哪?

错误点：

×1 无人看守。

×2 未悬挂安全标志牌。

×3 柜门未上锁。

×4 未设置围栏。

正确图例3-50

（七）开关类设备运维作业

（4）拉开低压隔离开关时，穿全棉长袖工作服，佩戴护目镜，防止电弧灼伤。拉开低压开关时，应防止绝缘工器具和身体接触到邻近带电设备。

安全要点：

（1）低压操作人员应正确使用和佩戴劳动防护用品。

（2）低压电气工作前，应用低压验电器或测电笔检验检修设备、金属外壳和相邻设备是否有电。

（3）低压电气带电工作，应有人监护，并采取绝缘隔离措施防止短路。

错误图例3-50

错在哪?

错误点：

×1 未戴护目镜、安全帽、绝缘手套。

×2 无人监护。

正确图例3-51

（八）负荷调整作业

（1）作业前检查工器具的绝缘应符合要求，带电进行负荷调整前，检查上一级剩余电流动作等保护装置正常投入运行。

安全要点：

低压电气带电工作应戴绝缘手套、护目镜，并保持对地绝缘。

错误图例3-51

错在哪？

错误点：

×1 未检查工器具。

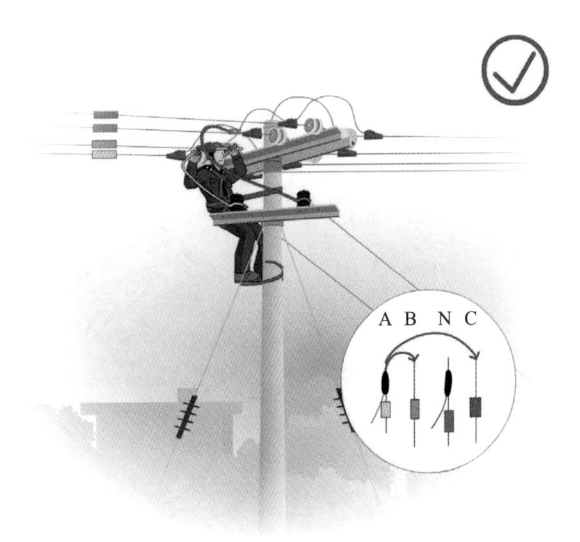

正确图例3-52

（八）负荷调整作业

（2）同一线路进行三相负荷平衡调整时，应先确认相线和零线，作业中只调整接户线的相线，不得调整接户线的零线，防止将380V电压接入220V线路，造成设备损坏。禁止带负荷断、接导线。

安全要点：

在调整前，应以抄表卡片为基准按照用户的用电性质、用电量对用户进行分类，沿线路查清用户所接的相别。

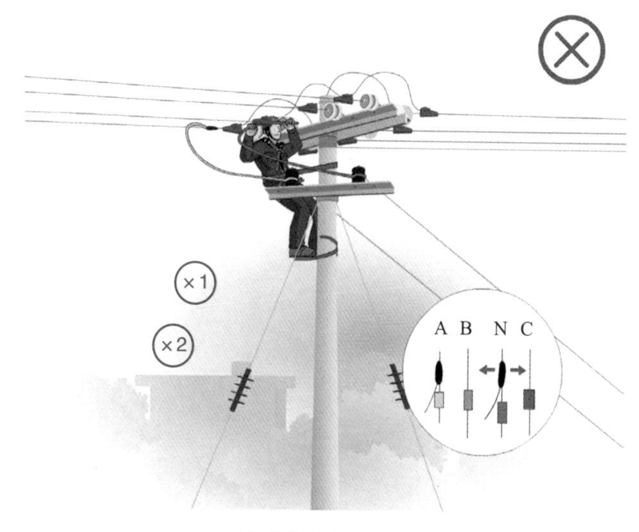

错误图例3-52

错在哪?

错误点：

×1 未确认零线和相线。

×2 调整零线。

正确图例3-53

（八）负荷调整作业

（3）杆塔上作业，作业人员移位时注意与其他带电线路的安全距离，不得失去安全保护。

安全要点：

（1）在杆塔上不得从事与工作无关的活动。

（2）作业人员攀登杆塔、杆塔上移位及作业时，手扶的构件应牢固，不得失去安全保护。

（3）对于因交叉跨越、平行或邻近带电线路、设备导致检修线路或设备可能产生感应电压时，应加装接地线或使用个人保安线，加装（拆除）的接地线应记录在工作票上，个人保安线由作业人员自行拆除。

错误图例3-53

错在哪？

错误点：

×1 失去安全带保护。

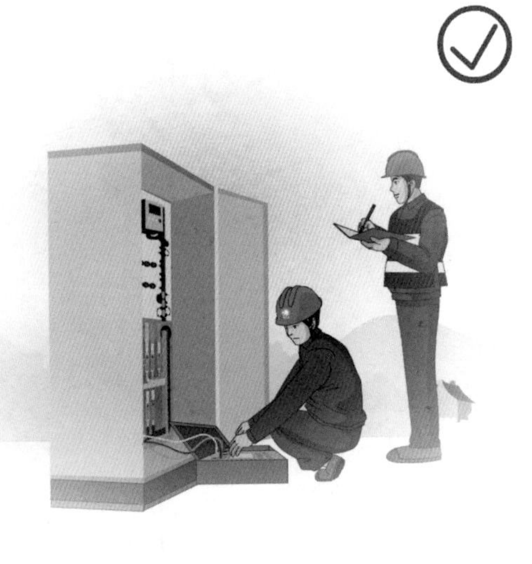

正确图例3-54

（八）负荷调整作业

（4）相位或相序不同的交流电源并列或合环，产生的巨大电流会造成发电机或电气设备损坏，因此接线前必须核相。对于新投运或改造的低压线路，必须核对相位、相序，与并列有关的二次回路也须核对相位、相序。

安全要点：

相位或相序不同的交流电源并列或合环，产生的巨大电流会造成发电机或电气设备损坏，因此接线前必须核相。对于新投运或改造的低压线路，必须核对相位、相序，与并列有关的二次回路也须核对相位、相序。

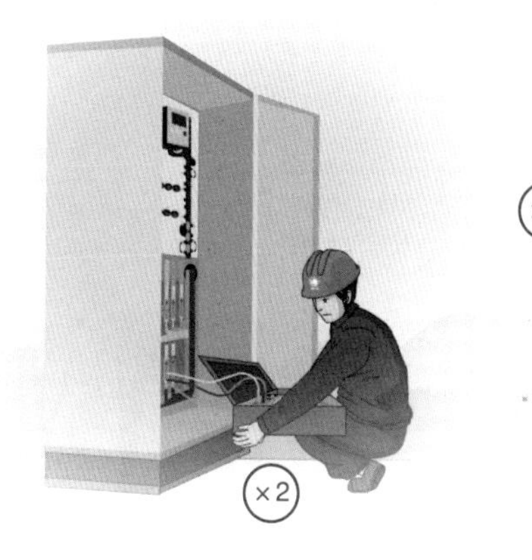

错误图例3-54

错在哪?

错误点：
×1 无人监护。
×2 作业人员手持核相仪。

正确图例3-55

（八）负荷调整作业

（5）不同低压线路间供电范围调整应停电进行，停电前应核对相别并明确标记，确保接线正确；送电后0.4kV线路应测量相序，确保相序正确。

安全要点：

杆塔上三相负荷的测试和调整工作至少需要3人，1人上杆调整，2人在下面负责记录计算和核对相序。

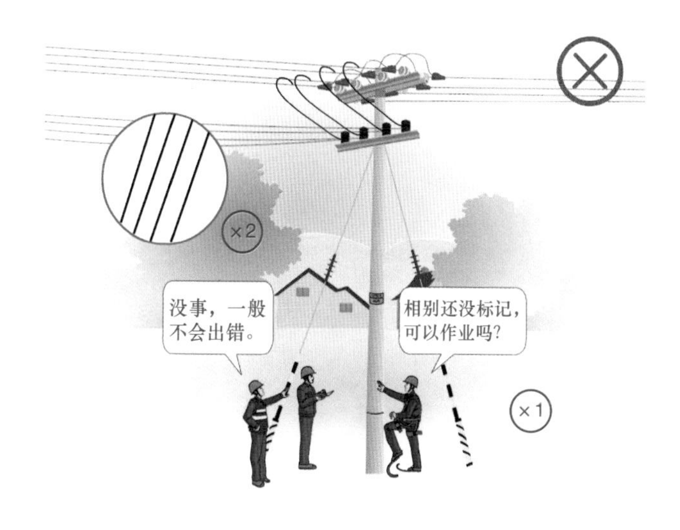

错误图例3-55

错在哪?

错误点：
×1 未核对相别。
×2 未做相别标记。

正确图例3-56

（九）接户线带电工作

（1）作业前，应填用低压工作票，作业范围内电气回路的剩余电流动作保护装置（漏电保护器）应投入运行，应断开受电侧负荷。

安全要点：

低压工作票应经工作票签发人认真审核后方可签发；工作票签发人对复杂工作或安全措施有疑问时，应及时到现场进行核查。

错误图例3-56

错在哪?

错误点：

×1 未检查工器具。

×2 上一级剩余电流动作保护装置未投入运行。

正确图例3-57

（九）接户线带电工作

（2）断、接导线前，应先分清相线、零线，并断开受电侧负荷。

安全要点：

（1）不能带负荷断、接导线。

（2）断、接导线前，要用标识分清相线和零线，或通过验电分清相别。

错误图例3-57

错在哪?

错误点：

×1 带负荷断、接引线。

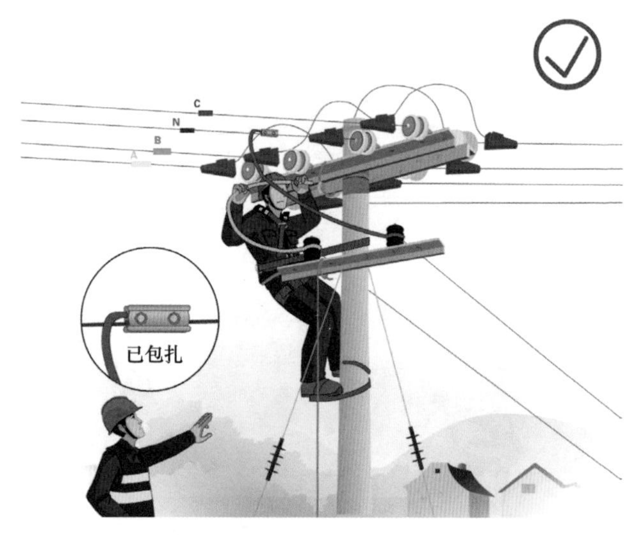

正确图例3-58

（九）接户线带电工作

（3）搭接导线时，应先搭接零线，后搭接相线，每搭接完成一相，及时用绝缘胶布包扎、固定。断开接户线时顺序相反，拆开的引线、断开的线头应采取绝缘包裹等遮蔽措施。人体不得同时接触两根线头。

安全要点：

上杆前，应先分清相线、零线，选好工作位置。

错误图例3-58

错在哪?

错误点：

×1 先接了相线，后接零线。

×2 绝缘破损未包扎。

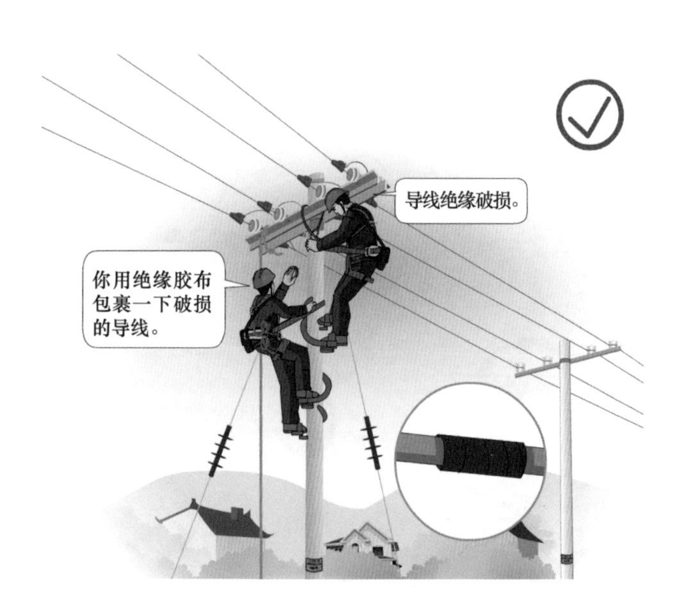

正确图例3-59

（九）接户线带电工作

（4）杆塔上作业，随时检查临近低压带电导线，如发现绝缘破损，应采取绝缘包裹等遮蔽措施。

安全要点：

移位时注意与其他带电相线的安全距离，不得失去安全保护。

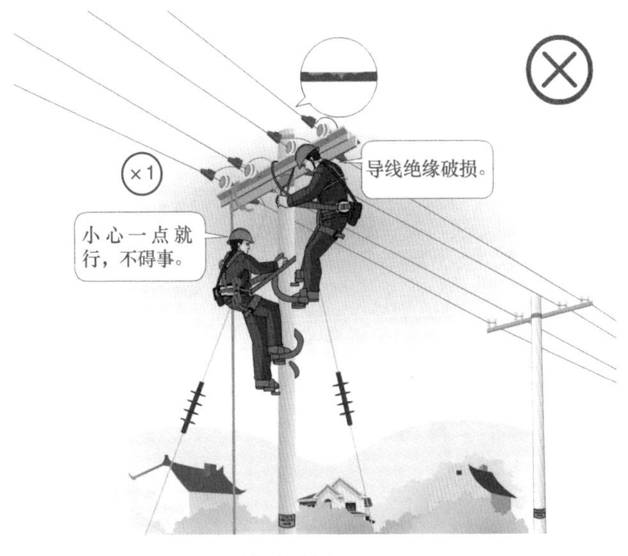

错误图例3-59

错在哪？

错误点：

×1 导线绝缘破损未包扎。

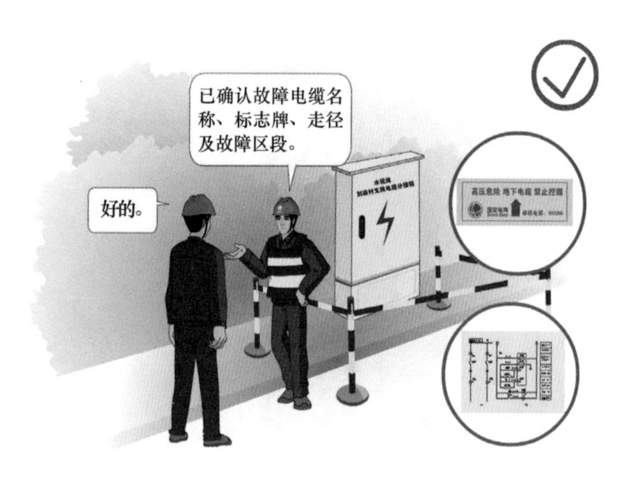

正确图例3-60

（十）电缆故障查找作业

（1）进行电缆故障查找作业前，应根据停电范围确认故障电缆名称、标志牌、走径及故障区段。

安全要点：

应确认故障电缆的标志牌与电网系统、电缆走向图和电缆资料的名称一致。

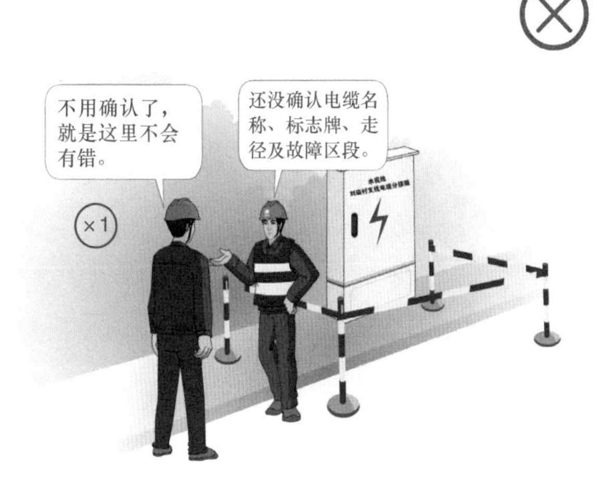

错误图例3-60

错在哪?

错误点：
×1 未确认故障电缆名称、标志牌等。

正确图例3-61

（十）电缆故障查找作业

（2）直埋电缆开挖前，应确定电缆敷设位置，摸清地下管线分布情况，防止挖断燃气、暖气、带电电缆等管线造成人身伤害。

安全要点：

在下水道、煤气管道、潮湿地、垃圾堆或有腐殖物质等附近挖沟（槽）时，应设监护人。

错误图例3-61

错在哪？

错误点：

×1 不掌握附近管线情况。

正确图例3-62

（十）电缆故障查找作业

（3）解开电缆接头前，应断开故障电缆各侧电源，对电缆两端充分放电、验电并做好标记，防止触电及恢复时接错线。

安全要点：

（1）电缆接地前应逐相验电，并充分放电。
（2）电缆头做标记应分别标清相别（黄、绿、红、蓝）。

错误图例3-62

错在哪?

错误点：

×1 测试人员未戴护目镜、绝缘手套。

×2 电缆未验电。

×3 电缆未做标记。

正确图例3-63

（十）电缆故障查找作业

（4）开断电缆前，应与电缆走向图核对相符，并使用仪器确认电缆无电压后，用接地的带绝缘柄的铁钎钉入电缆芯后，方可工作。扶绝缘柄的人应戴绝缘手套并站在绝缘垫上，并采取防灼伤措施。使用远控电缆割刀开断电缆时，刀头应可靠接地，周边其他施工人员应临时撤离，远控操作人员应与刀头保持足够的安全距离，防止弧光伤人。

安全要点：

（1）切断电缆前，全部工作人员应撤出到电缆沟外，操作机具的人员必须戴绝缘手套、穿绝缘鞋。

（2）电缆开断后，应认真核对电缆两端的相位，并做好标识，电缆修复后必须进行带电核相。

错误图例3-63

错在哪？

错误点：

×1 没有核对电缆走向图。

×2 没有确认电缆无电。

×3 电缆未接地。

×4 作业人员未戴绝缘手套。

正确图例3-64

（十）电缆故障查找作业

（5）电缆测试时，测量人员应与邻近带电部位保持足够的安全距离。测量前后及更换试验引线时，应将被测电缆对地放电，禁止接近未经充分放电的被测设备，防止人员触电。

安全要点：

（1）电缆试验前，加压端应采取措施防止人员误入试验场所；另一端应设置遮栏并悬挂警告标识牌；若另一端是上杆或开断电缆处，应派人看守。

（2）电缆试验结束，应对被试电缆充分放电，并在被试电缆上加装临时接地线，待电缆终端引出线接通后方可拆除。

（3）电缆试验过程中需要更换试验引线时，作业人员应先戴好绝缘手套对被试电缆充分放电。

错误图例3-64

错在哪？

错误点：

×1 未戴护目镜。

×2 电缆未对地放电。

正确图例3-65

（十）电缆故障查找作业

（6）进入电缆井、电缆隧道前，应先用吹风机排除浊气，再用气体检测仪检查井内或隧道内的易燃易爆及有毒气体的含量是否超标，并做好记录。

安全要点：

（1）电缆井、电缆隧道内工作时，通风设备应保持常开。禁止只打开电缆井一只井盖（单眼井除外）。作业过程中应用气体检测仪检查井内或隧道内的易燃易爆及有毒气体的含量是否超标，并做好记录。

（2）在电缆隧道内巡视时，作业人员应携带便携式气体检测仪，通风不良时还应携带正压式空气呼吸器。

（3）电缆沟的盖板开启后，应自然通风一段时间，经检测合格后方可下井沟工作。

错误图例3-65

错在哪?

错误点：

×1 未检测有毒气体，直接进入电缆沟。

正确图例3-66

（十）电缆故障查找作业

（7）掘路施工区域应用标准路栏等进行分隔，并有明显标记，夜间施工人员应佩戴反光标志，施工地点应加挂警示灯。

安全要点：

掘路施工应当在施工路段两端设置明显的施工标志、安全标志以及交通标志，交通标志一般设置在路侧顺车流的方向。

错误图例3-66

错在哪？

错误点：
×1 没有设置路栏。
×2 施工人员未佩戴反光标志。
×3 未挂警示灯。

正确图例3-67

（十一）横担、金具、绝缘子安装（拆除）作业

（1）在耐张杆、终端杆、转角杆上进行横担、金具、绝缘子拆除作业前，先在作业杆塔的拉线固定点处做好临时拉线，再在相邻杆塔横担处做好临时拉线，并将导线在绝缘子上绑扎固定，防止作业中跑线、倒断杆伤人。

安全要点：

临时装设的拉线桩要牢固，工作过程必须有专人看护。

错误图例3-67

错在哪？

错误点：
×1 耐张杆未做临时拉线。
×2 临近杆横担未做临时拉线。

正确图例3-68

（十一）横担、金具、绝缘子安装（拆除）作业

（2）登杆前核对杆号正确，检查杆根、基础和拉线牢固，检查安全带和登高工具合格，并做相应测试。

安全要点：

（1）登杆前，应检查杆塔上是否有影响攀登的附属物。

（2）禁止攀登基础不牢或有明显开裂、露筋严重、风化严重及腐朽等情况的电杆。

（3）遇有冲刷、起土、上拔或导地线松动的杆塔，应先培土加固、打好临时拉线或支好架杆。

错误图例3-68

错在哪?

错误点：

×1 未检查杆根、基础。

×2 攀登风化电杆。

正确图例3-69

（十一）横担、金具、绝缘子安装（拆除）作业

（3）登杆全过程不得失去安全保护，杆塔上有影响攀登的附属物时，安全带的围杆带和后备绳交替使用，防止跨越障碍物时坠落，禁止携带器材登杆。

安全要点：

（1）禁止利用绳索、拉线上下杆塔或顺杆下滑。

（2）在杆塔上作业时，宜使用有后备保护绳的双控背带式安全带。

（3）雷电时，禁止线路杆塔上作业。

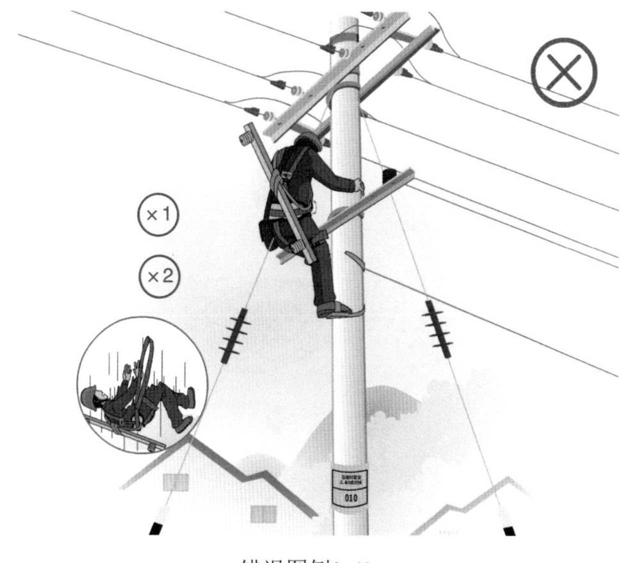

错误图例3-69

错在哪?

错误点：

×1 未系安全带。

×2 携带器材登杆。

正确图例3-70

（十一）横担、金具、绝缘子安装（拆除）作业

（4）登杆过程中，需穿越下层线路时，应确认导线已采取停电、接地或可靠的绝缘隔离措施。

安全要点：

（1）架空绝缘导线与裸导线线路的安全要点相同。

（2）禁止作业人员穿越未停电接地或未采取绝缘隔离措施的绝缘导线进行工作。

（3）在停电检修作业中，开断或接入绝缘导线前，应做好防感应电的安全措施。

错误图例3-70

错在哪？

错误点：

×1 未验明线路确已停电、并挂好接地线，就登杆作业。

×2 作业人员未戴手套。

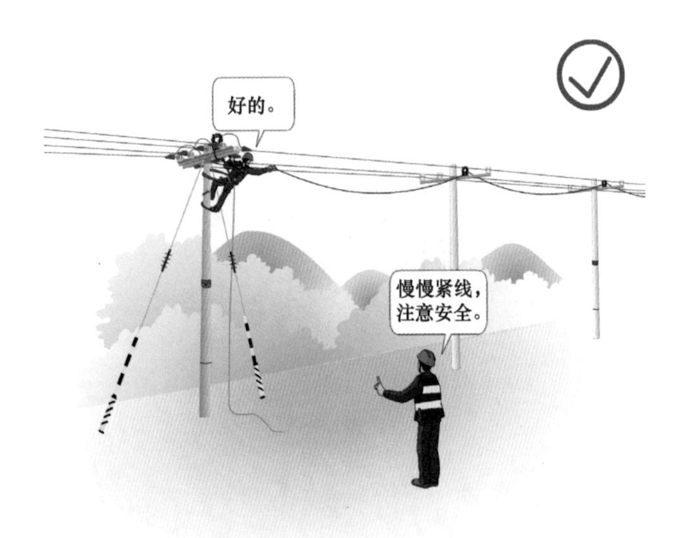

正确图例3-71

（十一）横担、金具、绝缘子安装（拆除）作业

（5）作业人员在松、紧线时，操作人员不得站在紧线器正下方，严防操作不当伤人。松线前，应将绳索固定在被松导线的耐张线夹处，防止作业过程中导线跑线伤人。

安全要点：

（1）松、紧线作业应相互呼应，缓慢用力。

（2）松、紧线作业杆塔应有专人看护。

错误图例3-71

错在哪？

错误点：

×1 紧线器下方站人。

正确图例3-72

（十一）横担、金具、绝缘子安装（拆除）作业

（6）在杆顶作业时，应在距杆顶0.2m以下处用绳索缠绕电杆系成绳套，安全带应系在绳套下方，防止安全带从杆顶脱出。

安全要点：

（1）在人员密集或有人员通过的地段进行杆塔上作业时，作业点下方应按坠落半径设围栏或其他保护措施。

（2）临时拉线对地夹角一般为30～45°，每根架空线（导线）必须在紧线的反方向延长线上打一根临时拉线。

（3）架线施工临时拉线应直接打在横担上，在不影响挂线的情况下，固定点距离挂线点越近越好（一般距离挂线点20～30cm）。

错误图例3-72

错在哪?

错误点：

×1 安全带系在绳套上方。

正确图例3-73

（十一）横担、金具、绝缘子安装（拆除）作业

（7）使用传递绳上下传递工具、材料时，作业点下方不得有人通行或逗留，防止坠物伤人。

安全要点：

（1）高处作业应使用工具袋。

（2）邻近带电线路作业，应使用绝缘绳索传递，较大的工具应用绳拴在固定的构件上。

（3）现场围栏可参照《国家电网公司电力安全工作规程（电网建设部分）（试行）》4.1.2 物体不同高度的可能坠落半径（2～5m可能坠落半径为3m；5～15m可能坠落半径为4m）设置大小和范围。

错误图例3-73

错在哪?

错误点：
×1 未设置围栏。
×2 作业点下方有人通行。
×3 传递材料吊物绳一端无人控制。

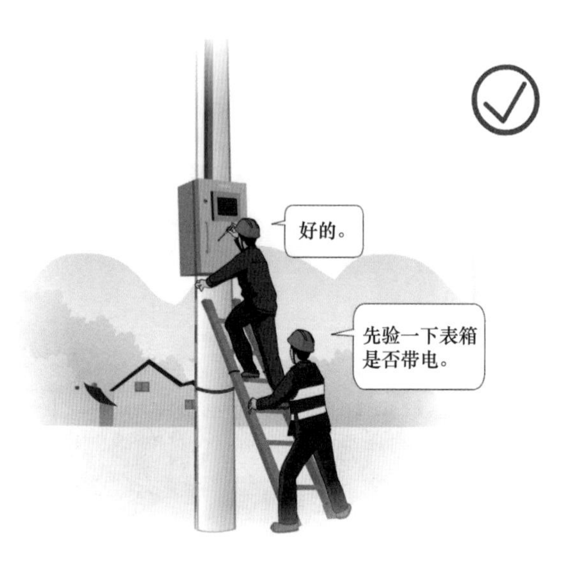

正确图例3-74

（十二）带电装、拆电能表（集中器、采集器等）作业

（1）工作人员在接触运用中的配电箱前，应用验电器确认无电压后，方可接触。

安全要点：

（1）当发现配电箱箱体带电时，应断开上一级电源将其停电，查明带电原因，并作相应的处理。

（2）装表接电工作应由两人及以上协同进行，使用安全、可靠、绝缘的登高工器具，并做好防止高空坠落的安全措施。

错误图例3-74

错在哪？

错误点：

×1 未对电能表箱验电。

×2 验电未接触非绝缘体。

正确图例3-75

（十二）带电装、拆电能表（集中器、采集器等）作业

（2）工作人员在接触运用中的电能表箱前，应用验电器确认无电压后，方可接触。

安全要点：

（1）当发现电能表箱箱体带电时，应断开上一级电源将其停电，查明带电原因，并作相应的处理。

（2）装表接电工作应由两人及以上协同进行，使用安全、可靠、绝缘的登高工器具，并做好防止高空坠落的安全措施。

错误图例3-75

错在哪?

错误点：

×1 未断开负荷侧开关。

×2 接线有毛刺。

正确图例3-76

（十二）带电装、拆电能表（集中器、采集器等）作业

（3）电能表与电流互感器、电压互感器配合安装时，应有防止电流互感器二次开路和电压互感器二次短路的安全措施；装（拆）不经电流互感器的电能表、电流表时，线路不得带负荷。

安全要点：

（1）更换经电流互感器接入的电能表，应先断开电压压板，用短路片或短路线将电流互感器二次短接，防止二次开路。

（2）现场校验电流互感器、电压互感器应停电进行，试验时应有防止反送电、防止人员触电的措施。

错误图例3-76

错在哪?

错误点：

×1 未断开电压压板。

×2 电流互感器二次未短接。

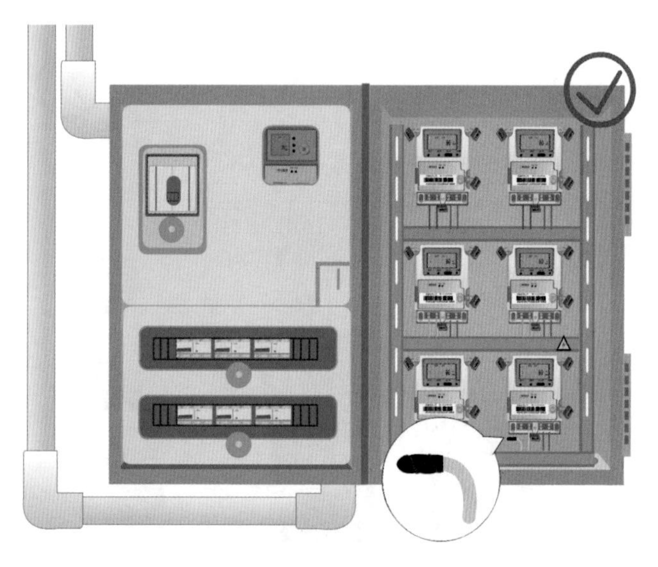

正确图例3-77

（十二）带电装、拆电能表（集中器、采集器等）作业

（4）拆线时，应先拆电源线，后拆负荷线，先拆相线，后拆零线，装线时顺序相反。拆下的线头应立即采取绝缘包裹措施，并做好相序记号。

安全要点：

装、拆线时，导线不得裸露。

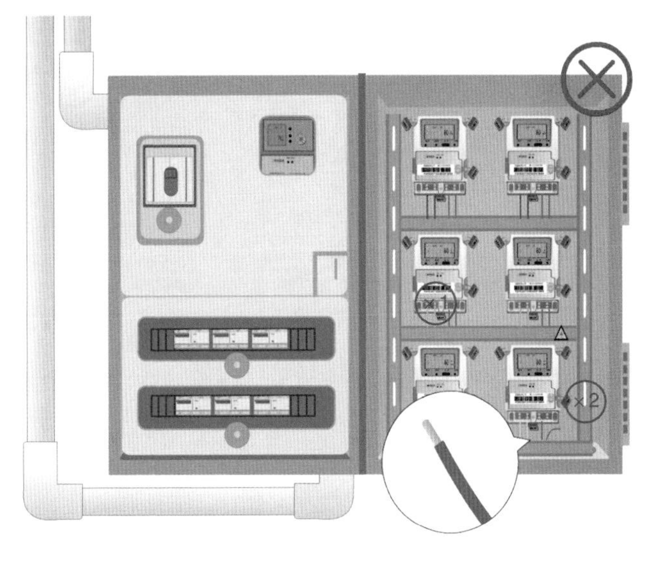

错误图例3-77

错在哪?

错误点：

×1 装线顺序错误。

×2 线头未采取包裹措施。

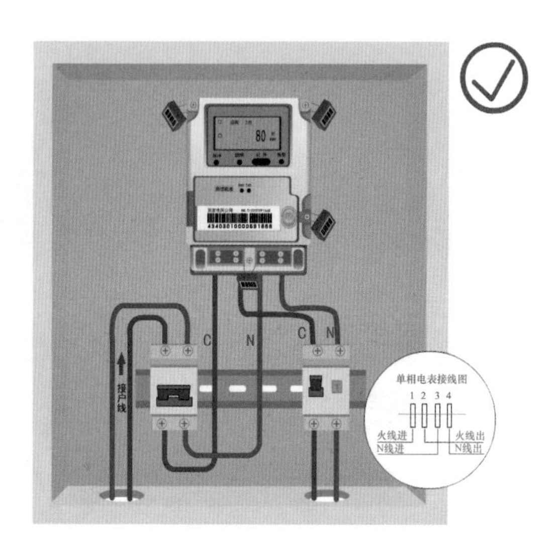

正确图例3-78

（十二）带电装、拆电能表（集中器、采集器等）作业

（5）新表接线前，严格按照表尾接线图进行接线，防止接错线，造成短路。

安全要点：

新表安装完后，应逐相确认接线正确。

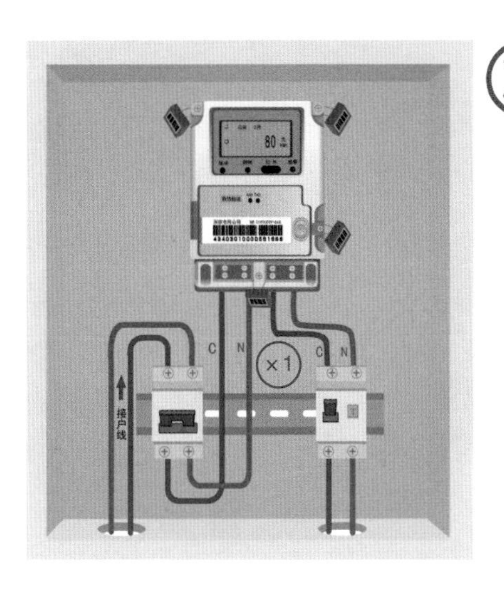

错误图例3-78

错在哪？

错误点：

×1 接线错误。

正确图例3-79

（十三）计量表抄表作业

（1）抄表人员高处抄表应做好安全措施。

安全要点：

高处抄表时，应使用梯子和安全带，不得徒手攀爬，防止摔跌。

错误图例3-79

错在哪?

错误点：

×1 徒手攀爬抄表。

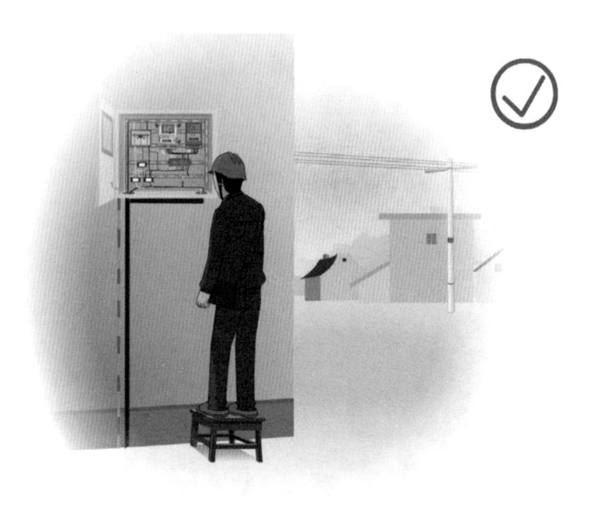

正确图例3-80

（十三）计量表抄表作业

（2）抄表时应注意与带电设备保持足够的安全距离，以防触电。

安全要点：

抄表时发现设备故障，应及时汇报，不得擅自处理。

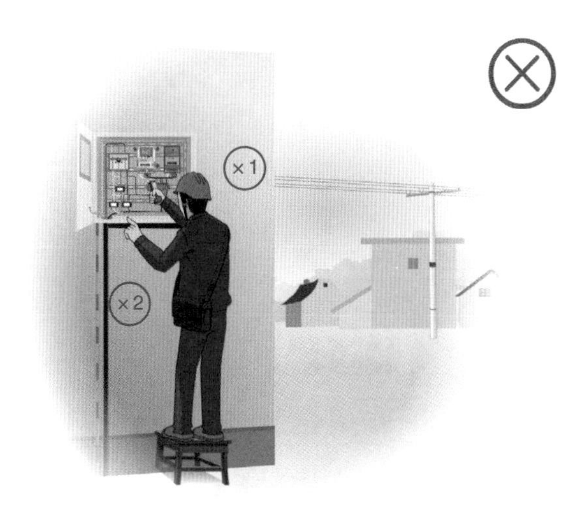

错误图例3-80

错在哪?

错误点：

×1 与带电设备安全距离不够。

×2 未戴手套。

正确图例3-81

（十三）计量表抄表作业

（3）作业人员接触配电箱、电能表箱金属外壳前应检查是否可靠接地，并验明无电后，方可接触。站在绝缘梯上用验电笔验电时，人体要接触其他与地连接的非绝缘体，以保证验电准确。

安全要点：

（1）检查配电箱、电能表箱前，应观察周围环境，有无马蜂、蛇虫伤害等危险因素，采取安全措施方可工作。

（2）检查箱体接地、防雨设施、箱门完好，箱内有无杂物、积尘以及孔洞封堵情况。

（3）检查箱内电气元件及端子板连接线有无损坏、松动现象，相线、零线标志清楚，接线正确，无混接；检查电气设备外壳、灭弧罩齐全，布线规范，有无铜丝代替熔丝（片）等现象。

错误图例3-81

错在哪？

错误点：

×1 未对电能表箱验电。

×2 验电未接触非绝缘体。

正确图例3-82

（十四）用电检查、测量作业

（1）用电检查作业时，应动态辨识客户环境危险，注意坑洞、障碍物等，防止摔伤、磕伤；与带电设备保持足够的安全距离，检查人员不得擅自操作、打开客户设备，以防造成误操作或触电事故。

安全要点：

供电企业用电检查人员实施现场检查时，用电检查员的人数不得少于两人。

错误图例3-82

错在哪?

错误点：

×1 用电检查人员打开用户设备。

×2 用电检查人员只有一人。

正确图例3-83

（十四）用电检查、测量作业

（2）登高作业时，应使用梯子和安全带，不得徒手攀爬，防止摔跌。

安全要点：

用电检查人员进行登高检查时，应做好安全措施。

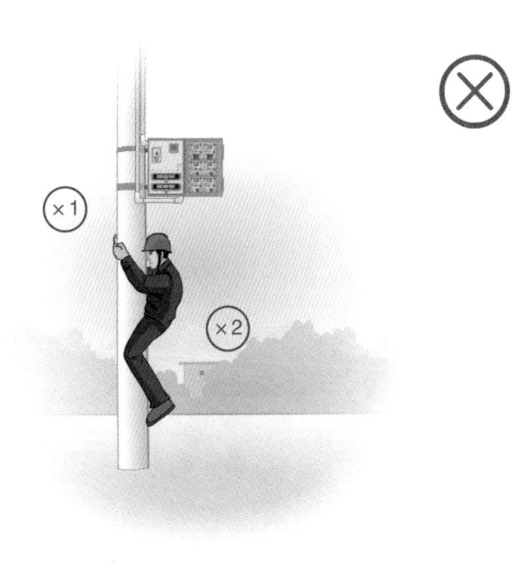

错误图例3-83

错在哪？

错误点：

×1 徒手攀爬抄表。

×2 未使用安全带。

正确图例3-84

（十四）用电检查、测量作业

（3）使用梯子作业时人员应站在限高标志以下，并设专人扶守。人员在梯子上时，禁止移动梯子。禁止使用金属等导电材质的梯子作业。

安全要点：

（1）梯子应坚固完整，有防滑措施，梯子的支柱应能承受攀登时作业人员及所携带的工具、材料的总重量。

（2）单梯的横档应嵌在支柱上，并在距梯顶1m 处设限高标志。使用单梯工作时，梯与地面的斜角度约为60° 。

（3）靠在管子上、导线上使用梯子时，其上端需用挂钩挂住或用绳索绑牢。

错误图例3-84

错在哪?

错误点：

×1 无专人扶守或采取固定措施。

×2 站在限高标志以上。

正确图例3-85

（十四）用电检查、测量作业

（4）使用钳形电流表测量时，表计不得触及其他带电部位，以防相间短路。观测钳形电流表数据时，头部不得触及其他带电部位。

安全要点：

（1）非运维人员进行低压测量工作，宜填用低压工作票。

（2）使用钳形电流表测量，应保证钳形电流表的电压等级与被测设备相符。

（3）测量时应戴绝缘手套、穿绝缘鞋（靴）或站在绝缘垫上。

错误图例3-85

错在哪?

错误点：

×1 表计接触带电部位。

×2 头部触及带电部位。

×3 无人监护。

附　录

参考标准、规程及文献

DL/T 477—2010农村电网低压电气安全工作规程

DL/T 736—2010农村电网剩余电流动作保护器安装运行规程

Q/GDW 519—2010配电网运行规程

Q/GDW 512—2010电力电缆线路运行规程

Q/GDW 462—2010农网建设与改造技术导则

Q/GDW 11020—2013农村低压电网剩余电流动作保护器配置导则

国家电网公司电力安全工作规程（配电部分）（试行）（国家电网安质〔2014〕265号）

国家电网公司电力安全工作规程（电网建设部分）（试行）（国家电网安质〔2016〕212号）

国家电网公司安全工作规程（国家电网企管〔2014〕1117号）

国家电网公司关于印发《农村配网工程施工作业典型安全措施》的通知（农安〔2010〕50号）

国家电网公司关于印发《撤除农村配网老（旧）混凝土杆典型安全措施》的通知（农安〔2012〕14号）

国家电网公司关于印发《农电检修、施工现场“三防十要”反事故措施》的通知（农安〔2006〕27号）

国家电网公司关于印发10kV柱上变压器台典型设计方案（2015版）的通知（国家电网运检〔2015〕838号）

国网安质部关于印发加强县供电企业作业人身安全风险管控工作八条要求的通知（安质二〔2014〕11号）

关于印发《营销业扩报装工作全过程防人身事故十二条措施（试行）》、《营销业扩报装工作全过程安全危险点辨识与预控手册（试行）》的通知（国家电网营销〔2011〕237号）

关于印发《国家电网公司农网防范较大及以上人身伤害事故典型措施》的通知（农安〔2011〕64号）